U1005583

芳草法布尔
FANGCAO FABUER

沈　红◎主编

芳草法布尔昆虫微剧集

首都师范大学出版社
CAPITAL NORMAL UNIVERSITY PRESS

图书在版编目（CIP）数据

芳草法布尔昆虫微剧集/沈红主编. —北京：首都师范大学出版社，2020.7

ISBN 978-7-5656-5330-8

Ⅰ.①芳… Ⅱ.①沈… Ⅲ.①昆虫—儿童读物 Ⅳ.①Q96—49

中国版本图书馆 CIP 数据核字（2019）第 229170 号

FANGCAO FABUER KUNCHONG WEIJUJI

芳草法布尔昆虫微剧集

沈红　主编

责任编辑　王　静

首都师范大学出版社出版发行

地　址　北京西三环北路 105 号

邮　编　100048

电　话　68418523（总编室）　68982468（发行部）

网　址　http：//cnupn. cnu. edu. cn

印　刷　北京虎彩文化传播有限公司

经　销　全国新华书店

版　次　2020 年 7 月第 1 版

印　次　2020 年 7 月第 1 次印刷

开　本　710mm×1 000mm　1/16

印　张　9.5

字　数　110 千

定　价　28.00 元

版权所有　违者必究

如有质量问题　请与出版社联系退换

编委会

顾　问　王　颖

主　编　沈　红

编　委　（以姓氏拼音排名，排名不分先后）

陈　超　陈秀娟　李铁柱　毛春苗

沈　红　辛士红　徐　蕊　岳爱平

张建成　张秀莉

序

《芳草法布尔昆虫微剧集》仿佛是一部关于自然和成长的电影，记录孩子们探索自然、了解昆虫的实践脚步。

其中一位主人公许屹江小朋友就是一个热爱大自然的孩子，他对昆虫的喜爱源自他喜欢读法国昆虫学家法布尔的《昆虫记》，后来他找来好朋友一起研究昆虫，他们走进了顺义蝴蝶园，还参观了北京自然博物馆、中国农业博物馆、国家动物博物馆等许多博物馆，创作、表演了《小魔仙菜粉蝶》微话剧。他们的创作角度新颖，表演灵动可爱，受到在场观众的喜爱和赞誉，那热烈的场面让我至今难以忘怀。孩子们表现突出，兴趣盎然，一双双灵动的眼睛传递出对科学、对昆虫的热爱。

他们生动活泼、寓学于趣的表演，吸引了更多的孩子加入昆虫小组，在广泛观察、深入研究的基础上尝试编写昆虫微话剧，创作出了很多优秀的昆虫微剧本；还在引人入胜的故事情节中融入相关法律知识，引导和启发更多观众保护珍稀动物，热爱大自然。看到孩子们在老师的引领下，将几年来的研究成果集结成册，我欣喜万分。他们的活动过程精彩纷呈，内容丰富、充实。

孩子们对昆虫的热爱和研究，陪伴他们度过了美好的童年时光；《芳草法布尔昆虫微剧集》就像一座小小里程碑，指引着孩子们攀登更高的科学之峰。《芳草法布尔昆虫微剧集》宛若孩子们打开昆虫世界的一把钥匙，期待小学毕业的他们在未来的求学路上有更加深入的研究，取得更加丰硕的成果；也希望更多的孩子喜爱昆虫，潜心研究，争做科普小达人，让自己的笔尖流淌出生动的语言，创作出更多文学佳作。

朝阳区教研中心　王颖

2020年2月

编者的话

——芳草法布尔诞生记

一、 成立之初

法布尔是法国著名昆虫学家、动物行为学家，他的《昆虫记》不仅介绍了昆虫知识，还传达出了他的人文精神以及对生命的无比热爱。学生们看了他的书后，不仅对昆虫产生了浓厚的兴趣，还愿意在研究昆虫的道路上砥砺前行，让更多的孩子了解昆虫、关心自然、珍爱生命。

2016 年 3 月，许屹江、程禹泰、赵一然三个志趣相投的好朋友成立了芳草法布尔小队，大家希望像法布尔爷爷一样研究昆虫，了解昆虫。我们决定走进与昆虫有关的博物馆去认识昆虫，制作昆虫标本，制作“昆虫的一生”展示箱。为了能把我们的学习体会、收获分享给更多的同学，我们还建立了微信公众号，通过微信公众号向同学们介绍昆虫知识，讲述法布尔昆虫故事。

二、 迅速成长

法布尔在行动一：走进顺义七彩蝶园

在七彩蝶园，我们了解到蝴蝶属于完全变态昆虫，它一生需要经历四个不同的形态，即卵期、幼虫期、蛹期和成虫期。在七彩蝶园，我们既看到了翩翩起舞的蝴蝶，也看到了还未化茧成蝶就已经逝去的生命。

法布尔在行动二：农博寻宝

朝阳区德育研究分会组织的“农博寻宝活动”带我们走进了中国农业博物馆，倡导学生自主选材，用喜欢的方式去表达学习成果。对于专门的昆虫研究小组，农业昆虫馆是不二选择。流连在一面面展墙前，我们忽然对那些被列为害虫的小虫子产生了一丝丝怜悯，可能它们也不想去蚕食那些农作物，但这是它们赖以生存的食物啊。是否可以运用科学手段让农业害虫另觅它物而食，让所有的昆虫与人类和谐共处呢？为了这个美好的愿景，我们要在昆虫探索之路上付出更多的努力。

法布尔在行动三：制作“蝴蝶的一生”展示箱

兴趣是最好的原动力，芳草法布尔已经不再满足于纸上谈兵，因为我们越发觉得所汲取的蝴蝶知识只是一个个片段，而且随着时间推移和新知识的涉猎，旧知识会逐渐被遗忘。于是，我们决定将蝴蝶的一生通过立体模型展现出来。

历经一个半月的努力，我们终于完成了“蝴蝶的一生”的模型创作。展板上分布着三层渐进式楼梯：一层土地里种植着蝴蝶幼虫最爱的卷心菜和一棵枝繁叶茂的大树；二层大树枝干上倒挂着几只看似悠闲的蛹，实不知它们体内正在发生着剧烈的变化；三层大树的枝叶上休憩着几只美丽的蝴蝶，蓝天白云下，又有几只蝴蝶在振翅高飞，仿佛在庆祝它们化茧成蝶这坚强而美丽的蜕变。

法布尔在行动四：通过化石了解昆虫

昆虫在地球上已经生存了近四亿年，那时的昆虫是什么样子的？身体比现在大吗？它们的天敌是谁？是怎么灭绝的……带着这些疑问，我们走进了北京自然博物馆，透过化石与那些曾经鲜活的生灵们进行了一次跨越时空的亲密接触。

法布尔在行动五：饲养蚕宝宝

刚从卵里孵化出来的小蚕宝宝，黑黑的，小小的，科学教师说这叫蚁蚕。经过一段时间的耐心养殖，蚕宝宝变成白色的了，而且越来越长。看到蚕宝宝一天天长大，我们非常开心。我们平时会用羽毛来帮蚕宝宝们打扫卫生，这样它们就能吃到新鲜美味的桑叶了。在我们的精心照料下，蚕宝宝们长得很快，不久就破茧而出，产卵了！蚕的一生真有意思！接下来我们要制作“蚕的一生”展示箱。

法布尔在行动六：芳草法布尔微信公众号

2016 年 3 月 28 日，是芳草法布尔值得纪念的日子，因为在这一天，芳草法布尔微信公众号与广大的昆虫爱好者见面了。它承载了芳草法布尔自然探索的梦想、创意与智慧；它记录了芳草法布尔在昆虫研究之路的付出、收获与成果；我们还将利用荔枝 FM、喜马拉雅电台录制的法布尔昆虫故事分享在微信公众号里，稚嫩的童音伴着优雅轻柔的音乐，向听众们生动而形象地讲述着昆虫界的传奇故事，让更多的人爱上昆虫，爱上芳草法布尔。

三、 法布尔社团成立

法布尔小组的活动丰富多彩，孩子们的活动吸引了全校对昆虫有兴趣的孩子，他们都希望能有机会参加这些丰富多彩的活动。在学校领导的支持下，2017 年 3 月，芳草法布尔社团成立，更多的孩子在社团中阅读法布尔的《昆虫记》、观察昆虫、走进博物馆、编写昆虫微剧本。

2017年4月，我们走进了北京自然博物馆。在古代的昆虫馆，我们了解到：昆虫是最早出现的会飞的动物，最早出现于3.9亿年前的泥盆纪中期。早期的昆虫没有翅，到了3亿年前的石炭纪时期，许多昆虫长出了翅，成为最早会飞的动物，它们比鸟类提早了1.5亿年的时间飞向天空。比较原始的昆虫叫作古翅类，只有简单的翅关节用于飞行，休息时翅不能折叠于背上，现在的蜻蜓就属于古翅目。原来蜻蜓已经存在这么长时间了，孩子们都十分惊叹，脸上表现出快乐的神情。没有求知欲的学生，就像没有翅膀的鸟儿；法布尔社团的小队员们就像插上翅膀的小鸟，在快乐地成长。

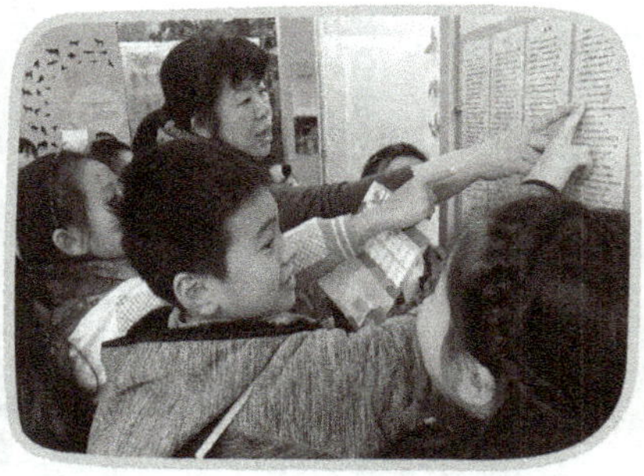

接下来我们的社团活动可就有一定难度了，我们要编写昆虫微剧本了。为了让学生有个好的开始，我们请来了专业的演员谢润老师来给孩子们介绍微剧本，她可是戏剧学院的高才生。她用一个微话剧教给我们剧本的五大要素：时间、地点、人物、场景、事件。孩子们边演边体会，学习过程中笑声不断。谢老师讲得浅显易懂，同学们很快就了解了知识。写剧本好有趣，我们也要将自已喜欢的昆虫知识写成科普微话剧，让更多的同学喜爱昆虫，喜爱大自然。

听完谢老师的讲座，学生进行了自由分组，喜欢同一种昆虫的同学被分到了一起，他们通过观察、上网调查、请教老师、查阅书籍等方式了解自己喜爱的昆虫，同时还做记录；有的同学还饲养了蚕、独角仙、螳螂等昆虫进行观察，了解他们的习性，了解它们的特点；还有的同学阅读法布尔的《昆虫记》，从中找到写作灵感。

结合北京市教育委员会政策法规处的比赛，我们设计了昆虫版法制宣传微话剧《国因法而昌 人因法而矩》，利用昆虫及其他小动物们的对话让人们了解昆虫也是受法律保护的。我们请来五年级（4）班全体同学进行表演，赵峥老师、谢润老师对此进行了多次的指导，使同学们的表演更加精彩、更加吸引人了！

现在社会越来越重视法律，“品德与生活（社会）”学科也更名为“道德与法治”，法制教育对于学生来讲意义极其重要。2019 年 6 月新的芳草法布尔成员们，又开始了新的活动。他们又编写了 6 篇与法律有关系的昆虫微剧目，在学习昆虫知识的同时，了解法律常识，寓学于乐，非常有趣。

在微剧本中有这样的情节：1880 年的法国小镇，昆虫学家法布尔在荒石园中研究昆虫，突然刮起一阵旋风，法布尔和小昆虫们一起穿越来到了 2017 年的北京。小昆虫们在这个现代化都市时时面临着空气污染、人类随意捕捉等威胁它们生命的种种问题。但每当命悬一线时，法布尔——这位昆虫守卫者，都会像及时雨一样使它们脱离危险。剧中，法布尔也是法律传道士的化身，他向孩子们阐释保护环境及动物的相关法律，让孩子树立守法意识，并自发自愿学法、知法，用法律武器来保护他人及自己。

通过一个学年的社团活动，一篇篇微剧目在孩子们的笔下诞生，孩子们虽然写得非常稚嫩，但确是费尽心思、全心全意。接下来我们还为各组同学找到指导教师帮助孩子们修改剧本。

忙里偷闲，我们还参加了区里的摄影比赛，我们社团的摄影作品当然都是孩子们平时观察到的昆虫。在孩子们的眼中，小小的昆虫是那样美丽动人、活泼可爱！

芳草法布尔是以研究昆虫为主题的小团队，学校是依托，老师是指明灯，兴趣是原动力。在历时两年的昆虫研习之路上，我们的足迹遍布北京各大博物馆，我们的身影徜徉于朝阳区社会大课堂，我们的声音回荡在学校的“道德与法治”等教研室，我们的汗水滴落在走过的每一寸土地上。

法布尔爷爷耗费一生的光阴来观察、研究昆虫，在昆虫界是一个奇迹；芳草法布尔将用童年、少年乃至更远的未来，以青春的热情去延续、传承法布尔爷爷一生的事业，创造下一个奇迹！

沈　红

2019 年 12 月

目录
CONTENTS

第一章　昆虫微剧集

第二章　走进博物馆

第三章　我的观察日记

附录　昆虫摄影、绘画作品

第一章
昆虫微剧集

小魔仙菜粉蝶变形记

程禹泰

菜粉蝶妈妈：我是一只美丽的菜粉蝶。看，前面有一大片卷心菜地，我要在这里产下自己的卵，给我的小宝宝们找一个温暖的家。我在这片菜叶的背面产一个，在另一片菜叶的背面产一个。小心长大吧！要远远躲开赤眼卵寄生蜂！快点长大吧！千万不要理会黄金小蜂！

蝶小许：咦，你是谁？

蝶小程：我是你兄弟啊。

蝶小许：妈妈把我们产在同一棵卷心菜上了？

蝶小程：Bingo，答对了，妈妈生下了我们 200 多个兄弟姐妹呢，但只有我们两个在这棵卷心菜上。好闷、好热，什么时候才能出去看看外面的世界啊！

蝶小许：我也很期待，让我们一起努力，一起默数吧。第一天、第二天、第三天……第七天。

蝶小程：大家好！我是一只小青虫。什么东西这么刺眼，好清新的空气，哇，还有一股浓郁的菜香味。

蝶小许：历经磨难，我终于出来了，这壳也太厚了吧。哈喽，兄弟，我也是一只小青虫。你在吃什么？自己的壳吗？Oh，my god！

蝶小程：快把自己金黄色的壳吃掉，我们只有吃下自己的卵壳才能获得营养哦。

蝶小许：我好困，休息一下，休息一下。

蝶小程：天亮了——起床啦！

蝶小许：这么早！哇，我的身上怎么长了白色绒毛，还多了16只脚。

蝶小程：这算什么啊，照照镜子，看看你那又黑又大又亮的头吧。哈哈哈……快来吃饭，美味的卷心菜在等着我们呢。

蝶小许：蝶小程，小心一点，你离叶子的边缘太近了，很容易从缝隙掉下去，那就没命了。

蝶小程：谢谢你的提醒。你说咱们吃了这么多天，怎么一点都没变白，反而还长了许多黑色斑点呢，是不是没有做好防晒啊，改天得买点防晒霜去。

蝶小许：哈哈哈，别逗了，那是说明我们要开始蜕皮，不然身体就无法再长大了。每蜕一次皮，我们就长大一岁。一共要蜕4次皮，你说我们长大了几岁？

蝶小程：要出就出点难题嘛，蜕4次皮，就是长4岁呗。

小茧蜂：嗡嗡嗡，可爱的菜粉蝶幼虫，我想死你们了，你们看起来又肥又嫩啊，嘿嘿嘿……我是邪恶的小茧蜂，只要把我锋利的尾部刺进你们的身体产下卵，那我小茧蜂的幼虫就可以在你们的身体里面慢慢地品尝你们绿色的血液了！哈哈哈……

蝶小程：小心了，不能让小茧蜂靠近我们，不要只顾着吃了，难道你忘记妈妈的忠告了吗？

蝶小许：（转向另一棵卷心菜上的菜粉蝶）妞妞，你背上落了一只小茧蜂，它把尾针刺入了你的身体，你会被它害死的。

小茧蜂：哼，多嘴的蝶小许，顾好你自己吧！我的尾针可是最厉害的武器，只要被我骑在它的背上，就是超人也别想逃出我的魔爪。一想到我的宝宝们可以在你们体内享受美味，哇，大自然万岁！

蝶小程：晚了，蝶小许，妞妞只知道吃，现在小茧蜂的幼虫肯定已经在她的体内存活了。

蝶小许：哎！妈妈说得对，命运掌握在自己的手中，自己不爱惜自己的生命，别人也是没有办法的。蝶小程，我这几天身体怎么感觉和以前不太一样呢，有种想离开的感觉。

蝶小程：你是不是要结蛹了？快些找个安全的地方。

蝶小许：就在叶子根部的连接处吧，我再吐出结实的丝线把自己的身体缠绕起来。

蝶小程：哈哈，你的样子好可爱，就像捆了安全带一样。

蝶小许：哇！我终于变成蛹了。

蝶小程：恭喜你，我也得赶紧找个安全的地方去结蛹。我会结出和你的颜色不一样的蛹，你信吗？

蝶小许：怎么可能呀，你是我兄弟，我们应该是一个样子的。

蝶小程：错错错，我们在不同颜色的植物上会结出不同颜色的蛹呢。

蝶小许：身体感觉好硬啊，而且身上的毛毛也不见了。

蝶小程：我也是，最近可能吃多了，肚子鼓鼓的。咦，我们是不是马上就要长大变成蝴蝶了。

蝶小许：真的，真的，我的翅膀长出黑色斑点了。

蝶小程、蝶小许：妈妈，我们真的像您期待的那样，化茧成蝶了！

（音乐响起，表演集体舞蹈，刘思影扮成蝴蝶领舞）

作者简介 程禹泰

我是芳草地国际学校万和城实验小学五年级(4)班的程禹泰，也是芳草法布尔小队的核心成员之一。

可能大多数的小朋友都喜欢小动物，但像我这样痴迷的应该不多吧。小时候，我会看着螳螂学螳螂打拳，我会趴在地上看小蚂蚁是怎么搬家的，我会跟着粪金龟一路走出很远……记得我写过一篇描写春天景物的作文，其中一句是："突然，我看到大树下有一片树叶在自己移动，掀开一看，原来是一只毛毛虫在树叶下一扭一扭地蠕动着它那肉嘟嘟的小身体。"老师表扬说我写得很生动，要知道这可是源自我在奥森公园观察小昆虫的真实经历呢。

爸爸妈妈说我对昆虫着了魔，比如我不许他们用杀虫剂消灭家里的蚂蚁。《昆虫记》里曾讲过，蚂蚁可以吃掉害虫，还对土壤有清洁作用，所以蚂蚁是我们人类的好朋友。

点点烛光的萤火虫、唧唧吱吱的小蝈蝈、勤勤恳恳的小蜜蜂、身披彩衣的花蝴蝶，这些大自然给予我们的小精灵，激发了我无限的想象力与好奇心。长大后我要成为像法布尔一样的昆虫学家。我要有一个大大的广场，让所有的小昆虫在这里有属于它们的舞会；我要开一所医院，但这里的病人只有昆虫；我要有一块干净的土地作为小昆虫的墓地，让它们的身体不再被人们踩踏。这就是我，一个在昆虫之路上奔跑着的小小法布尔。

教师点评

孩子的爱好与兴趣并不是与生俱来的，需要后天的熏陶与培养。程禹泰从观察身边第一种小昆虫开始，发现了其中的乐趣，逐渐喜欢上了昆虫，引发了他对昆虫的热爱与研究兴趣。《小魔仙菜粉蝶变形记》用小话剧的形式将菜粉蝶破壳而出的变化过程呈现在观众面前，从毛毛虫到化蛹成蝶的过程是孩子们很难看到的情景，小演员们在舞台上栩栩如生的表演，令小观众们眼前一亮，拓展了眼界，增长了课外知识，而且给人以深刻印象。另外，在蝴蝶幼虫成长过程中要学会避免被天敌伤害，这渗透着要学会保护自己的道理，有“润物细无声”的效果。

——岳爱平

新编法布尔昆虫记

——国因法而昌　人因法而矩

许屹江

[第一幕]

(1880 年法布尔爷爷在荒石园里观察蝴蝶。突然，莫名地刮起一阵大风，转瞬间，法布尔爷爷穿越到了 2017 年的北京。)(法国荒石园的背景 PPT＋大风的音效)

法布尔爷爷：(背景 PPT：雾霾中的北京)咦，这里的人真奇怪，黄皮肤、黑头发，难道是传说中的东方人吗？那我的荒石园去哪里了？

蝴蝶 A：法布尔爷爷。

法布尔爷爷：你是谁？

蝴蝶 A：我是生活在您荒石园里的小蝴蝶呀，刚才您还用放大镜观察我来着。

法布尔爷爷：你快告诉我，这是哪里？

蝴蝶 A：以我作为昆虫的第十六感，我们应该是随着那阵大风穿越了。这里好像就是我太太太奶奶说过的东方雄狮——中国。嗯，我再推算一下啊，现在应该是 2017 年的中国。

法布尔爷爷：我才不关心是哪年呢，我只想知道这里有没有小虫子，只要有小虫子和我做伴，在哪里我都能吃得饱，睡得香。

蝴蝶 A：(无奈地说)爷爷，您还真的是随遇而安呀！

(一会儿)

蝴蝶 A：天怎么这么阴呀，咳咳咳，好呛啊，我的呼吸孔好像被堵住了似的，喘气好困难。

蝴蝶 B：您是远道来的客人吧，我们生活在北京的动物早就已经习惯了，这不是阴天，是雾霾。

蝴蝶 A：什么是雾霾？

蝴蝶 B：雾霾是人们不爱护环境，向自然界大量排放有害物质产生的微颗粒物 $PM_{2.5}$。许多动物都因为雾霾或病或死。

蝴蝶 A：天哪，再来阵风让我回到 1880 年吧。

[第二幕]

学生甲：看，那有两只蝴蝶，怎么飞得那么低、那么慢呀。

学生乙：哈哈，千载难逢的好机会，把它们抓来做蝴蝶标本吧。

学生甲：好主意！

（学生甲、乙捕捉两只蝴蝶）

法布尔爷爷：快住手，不要伤害它们。

学生甲：你是谁？多管闲事！

学生乙：对呀，我们只是想做个蝴蝶标本，而且公园里有好多小朋友也捕捉蝴蝶。为什么我们不可以？

法布尔爷爷：随意捕捉蝴蝶是不对的，有的蝴蝶是国家级保护动物，捕捉这样的蝴蝶那可是违法行为。

小天使 A：（展示蝴蝶监测站的背景 PPT）每一只蝴蝶都是一条生命，和我们每一个自然界的生灵一样平等。虽然有的成年蝴蝶会吃庄稼，但它们为人类也是做出过贡献的，比如人们常说的“蝴蝶监测站”，就是利用蝴蝶来监测环境质量。

学生甲、乙：（惭愧地低下了头）老爷爷，谢谢您的提醒，以后我们也要多学习法律知识和昆虫知识，做知法、守法的小学生。

［第三幕］

（呈现配音和字幕背景，字幕内容为：《中华人民共和国环境保护法》第 6 条规定：“一切单位和个人都有保护环境的义务。”《中华人民共和国野生动物保护法》第 3 条规定：“野生动物资源属于国家所有。”）

金斑喙凤蝶妹妹：姐姐，这里好美呀，还有美味的花蜜可以吸。

金斑喙凤蝶姐姐：在我眼里，再美的花儿也没有妹妹你漂亮。

金斑喙凤蝶妹妹：姐姐，正是因为我们的美丽和稀有，才被人们称为“蝶中皇后”和“梦幻蝴蝶”呢！

（金斑喙凤蝶姐妹翩翩起舞）

学生丙：快看，那只蝴蝶真漂亮。

学生丁：哇，我还是头一次见到这么大的蝴蝶呢！快用你的粘网把它套住。

(学生丙、丁去捉金斑喙凤蝶姐姐，并成功捉住)

金斑喙凤蝶妹妹：(看到姐姐被捉，悲伤地大喊)姐姐，回来，不要离开我。

金斑喙凤蝶姐姐：(泪流满面)妹妹，你要保护好自己，远离人类！

(伴着悲凉的音乐，金斑喙凤蝶妹妹孤单而悲伤地飞走)

法布尔爷爷：(神情激动、双手颤抖、眼神直勾勾地盯着学生丙手中的金斑喙凤蝶)孩子，你们知道这只蝴蝶叫什么名字吗？

学生丙、丁：(奇怪而纳闷地看着这个表情夸张的老爷爷)不知道。

法布尔爷爷：这是世界罕见的金斑喙凤蝶，是世界八大名贵蝴蝶之一。它只生存在中国，被中国人誉为国蝶，据说它的野外生存数量比中国的大熊猫还要少。

小天使 A：这就是传说中的金斑喙凤蝶？要知道，它可是唯一被列为我国一级野生保护动物的蝴蝶类呢。太可怕了，二位同学，你们这可是犯罪行为。捕捉国家一级保护野生动物，可是要坐牢的！

学生丙：啊，有这么严重的后果。

法布尔爷爷：是呀，虽然你们现在不满 16 周岁，可免于刑事处罚，但须责令你们的父母对你们加以管教。

学生丁：爷爷，我们现在就放了金斑凤喙蝶，以后不会再捕捉野生动物了！

(金斑喙凤蝶姐妹：惊喜相拥，翩翩起舞，渐渐飞远)(背景 PPT：配音和字幕，字幕内容为：《中华人民共和国刑法》第 341 条规定："非法猎捕、杀害国家重点保护的珍贵、濒危野生动物的，或者非法收购、运输、出售国家重点保护的珍贵、濒危野生动物及其制品的，处五年以下有期徒刑或者拘役，并处罚金；情节严重的，处五年以上十年以下有期徒刑，并处罚金；情节特别严重的，处十年以上有期徒刑，并处罚金或者没收财产。")

［第四幕］

（东北虎、穿山甲、大熊猫上场）（背景 PPT：大森林的画面）

东北虎：我是大兴安岭的东北虎，国家一级保护动物。我们在这大森林里无忧无虑地生活。

熊猫：我就是贪吃爱睡的熊猫宝宝，我和东北虎都是国家一级保护动物，幸福得不要不要滴。

穿山甲：我是穿山甲，是国家二级保护动物，原来我们家族的人数还很多，所以没有被认定为一级濒危野生动物，但现在我们的数量越来越少！

小天使 A、B：它们都是国家珍稀动物，我们应该好好保护它们。

穿山甲：对，谁来保护我们？

小天使 A、B 和法布尔：有一种武器看不见摸不着，却永远站在正义的一方，保护弱者，那就是法律。法律是一把剑，伸张正义，除恶扬善；法律是一把伞，遮风挡雨，众生平等。我们要从小培养公民保护野生动物的意识，学法、知法、守法、用法，为促进人与自然、人与动物和谐共处贡献我们的力量。

作者简介 许屹江

我是许屹江，是芳草地国际学校万和城实验小学五年级的学生，也是芳草法布尔小队的队长。

我热爱大自然，热爱生命。参观北京自然博物馆是我最喜欢的事；我将喜欢的恐龙和国际象棋相结合制作出了“恐龙棋”，获得了北京市金鹏论坛一等奖的好成绩。

我还非常喜欢小动物，尤其是昆虫，法布尔的《昆虫记》是我最喜欢的一套书，我读了很多次。一年级时我养了十几条蚕宝宝，但由于我照顾不周，只有几只蚕宝宝成功结成了茧；三年级时，我希望我能像法布尔爷爷一样耐心地、有方法地观察昆虫。我想，要是能和同学们一起了解昆虫、观察昆虫、讲解昆虫知识，那一定是一件非常有意思的事，于是我找来志趣相投的两个好朋友——程禹泰、赵一然，成立了芳草法布尔昆虫兴趣小组。我们一起走进博物馆观察昆虫，一起制作昆虫展示箱，一起表演昆虫话剧，后来学校为我们成立了芳草法布尔社团，带领更多的喜爱昆虫的同学了解昆虫、研究昆虫、展示昆虫研究成果。

我们制作的昆虫展示箱获得北京市社会大课堂一等奖，表演的微话剧获得朝阳区创新性学习成果一等奖、北京市教科院基教研中心法治情景剧展示二等奖。同时，我还收获了很多志同道合的好朋友，收获了快乐！

教师点评

社团的小队长许屹江同学在生活中观察昆虫，了解昆虫，尤其是对蝴蝶这种昆虫产生了浓厚的研究兴趣。他通过进图书馆查阅资料、去七彩蝶园参观、去北京自然博物馆学习等多种途径，了解蝴蝶的生活习性，参与蝴蝶的养殖等活动。

正是这种热爱，激发了他保护蝴蝶的意识。在生活中，他看到很多学生和大人们单纯为了好玩儿而追逐蝴蝶的美丽，也有些人随意捕捉一些珍贵的蝴蝶做标本，这些人没有保护蝴蝶、保护珍稀资源的意识，在这种情况下，我们的小队长查阅我们国家的相关法律法规，从孩子的视角，编写了这篇《新编法布尔昆虫记——国因法而昌　人因法而矩》的法制情景话剧，意在唤醒人们对环境的重视，对自然环境中物种的保护，教育人们和动物友好相处。

剧中，法布尔爷爷是法律传道士的化身，他向实施违法行为的孩子们释明保护环境及动物的相关法律，让孩子树立守法意识，并自发自愿学法、知法、守法、护法。

——陈秀娟

机智的小蜜蜂

赵一然

（《蓝精灵》主题曲的旋律做背景音乐，灯光变化，小蜜蜂们飞出蜂巢，合唱一首歌）

“在那春的田野花的海洋有一群小蜜蜂，
他们快乐又聪明，
他们勤劳又勇敢，
他们建造蜂巢寻找花朵做出好吃的蜜，
他们学习本领守护蜂王国。”

小蜜蜂们：（欢快大声地）太好了……我们终于可以自己出来采蜜啦！我们可以为建造伟大的蜜蜂王国做贡献啦！

蜜蜂 A：我们都是工蜂，我们工蜂是蜂群的主力，也是最勤劳忙碌的。

蜜蜂 B：蜂女王负责繁衍后代，我们则肩负构建伟大王国的使命。

蜜蜂 C：我们要学会采花蜜、采花粉、酿花蜜、盖蜂巢、守卫家园、照顾小宝宝……

蜜蜂 A、B、C：这些都是我们工蜂的天职！

（危险的音乐起，小蜜蜂们警觉地聚在一起，一只大黄蜂上场）

大黄蜂：我是一只很酷很帅很饿的大黄蜂呀！我饿着肚子飞呀飞呀飞了二里地呀！眼前出现三只肥肥胖胖的小蜜蜂呀，不会是我饿晕了，出现的幻觉吧？

蜜蜂 A：怎么办？是大黄蜂！

蜜蜂 B：凶恶的大黄蜂！

蜜蜂 C：吃蜜蜂的大黄蜂！

大黄蜂：三个小胖子！快到我嘴里来！

蜜蜂 A：黄蜂哥哥，我没打流感疫苗，昨天感冒啦！会传染的。

蜜蜂 B、C：黄蜂哥哥，我们俩昨天吃东西没洗手，拉肚子啦！味道不好了啦！

大黄蜂：什么乱七八糟的！你们能不能有点好习惯？能不能把自己照顾好点？能不能给我整点吃的？

蜜蜂 A：吃的还要自己去找啊！

大黄蜂：小坏蛋！我不知道吗？找不到啊！

蜜蜂 B：接着找！

蜜蜂 C：别放弃！

大黄蜂：行啦！都闭嘴！我不管什么传染病，什么味道不好啦！我要先填饱我的肚子！快，别让我费劲，直接飞到我嘴里来！

（蜜蜂 A、B、C 一起发出嗡嗡声，同时一起摇头）

蜜蜂 A：这样吧，黄蜂哥哥，我们教你怎么找吃的，你就不会挨饿啦！行不行？

蜜蜂 B：对呀对呀，很简单的，你就能有美味的食物啦！

蜜蜂 C：学会之后，美味食物多到吃不完！

大黄蜂：好吧，那你们先说说，你们蜜蜂是怎么采蜜的？

蜜蜂 A：首先我们需要找到盛开的花，它的花蜜的含量是最丰富的，然后把我们细细长长的嘴巴扎到花朵里吸取花蜜。

蜜蜂 B：我们会有分工，外勤蜂采蜜，采回来交给内勤蜂，内勤蜂负责酿蜜、风干和储存。

蜜蜂 C：酿蜜的时候要把花蜜吸进又吐出，在这个过程中把我们唾液腺分泌的酶和花蜜结合，把加工后的花蜜一滴滴挂在蜂巢顶上。我们还要振动翅膀保持蜂巢通风，让花蜜中的水分快点蒸发掉。

大黄蜂：听起来有点麻烦呀！

蜜蜂 C：黄蜂哥哥那么聪明，不会做不到吧？

大黄蜂：当然啦！我当然做得到啦！可是，我怎么知道什么地方有很多鲜花呢？

蜜蜂 A：我们蜜蜂王国的侦察蜂会四处去找，侦察蜂的工作特别重要，因为我们蜜蜂能否采到足够的蜂蜜，就全靠侦察蜂了。

蜜蜂 B：侦察蜂找到蜜源后，要先采集样本带回来给大家品尝味道，同时还要记住蜜源的方位告诉大部队。

蜜蜂 C：侦察蜂是通过跳“8”字舞的方式告诉大家蜜源的方位的。

大黄蜂：“8”字舞？什么是“8”字舞？

蜜蜂 A、B、C：哇！“8”字舞很重要！蜜蜂宝宝都会跳！“8”字舞很简单！

（音乐响起，三只小蜜蜂欢快地起舞。大黄蜂也很快就学会了，加入到舞蹈队）

大黄蜂：哈哈哈哈，“8”字舞很简单嘛！

蜜蜂 B：这个舞蹈的意义可非同一般，我们要把太阳和蜜源的方位关系等一系列信息都包含在这个舞蹈里面传递给蜂群，这样才能找到蜜源！

大黄蜂：太好啦！现在我就可以看着你们蜜蜂跳“8”字舞找到好吃的花蜜啦！

蜜蜂 A、B、C：对呀！对呀！

大黄蜂：我回到黄蜂基地，再把这个方法献给我们的国王，我就可以得到奖赏啦！哈哈哈哈！再见了小蜜蜂！

（大黄蜂飞走）

蜜蜂 C：怎么办，大黄蜂要是学会了“8”字舞和酿蜜的方法，就会和我们争抢食物的。

蜜蜂 A：不用怕！

蜜蜂 C：刚才你们已经把“8”字舞教给了大黄蜂，他会和他的族蜂把我们的食物抢光的。

蜜蜂 B：哈哈哈，连你也被骗啦！刚才我们教大黄蜂的“8”字舞是假的！

蜜蜂 A：对呀 CC，你要好好学学“8”字舞，牢牢记住我们蜜蜂的生存技能才是呀！

蜜蜂 C：哎呀，吓死我啦，你们真聪明！这下大黄蜂哥哥恐怕是要饿着肚子等到天亮啦！

蜜蜂 A：他要是看错了“8”字舞的指引，非要迷路不可啦！

蜜蜂 C：你们可真坏，那真正的“8”字舞是怎么跳的呀？

（音乐响起）

蜜蜂 B：来吧，让我们跳一段真正的蜜蜂“8”字舞吧！

（三只小蜜蜂欢快地舞蹈）

“在那春的田野花的海洋有一群小蜜蜂，

他们快乐又聪明，

他们勤劳又勇敢，

他们建造蜂巢寻找花朵做出好吃的蜜，
他们学习本领守护蜂王国。”

（音乐声音抬高，全场学生跟着节奏拍手互动，剧目结束）

作者简介 赵一然

我叫赵一然，我是一个热爱大自然的孩子，从小就对自然界的事物感兴趣。

家里的图书我最爱看地球生物类的，尤其喜爱史前恐龙和海洋生物。我对恐龙的分类很清楚，经常会对来家做客的朋友进行发问考试，这成了我们家保留的小游戏。恐龙的世界伴随我整个幼儿园的时光。

因为从小爸爸妈妈带我去过很多次海洋乐园，我对海洋里的“居民”的生活也了如指掌，大到抹香鲸和蓝鲸，小到小丑鱼和虾类，这些海洋生物的生活习性我都非常了解。

随着年龄的增长和在学校里所学知识面的不断扩大，我对自然界生物的兴趣越来越浓厚，视角也变得越来越微观，我开始对自己生活中经常遇到的昆虫感兴趣了。爸爸妈妈见我对昆虫的兴趣越来越浓，就教我观察昆虫生活的方法，并且教会我找到观察的切入点。

逐渐地，我懂得了在不同的季节、不同的地域，如何去发现身边的昆虫以及如何观察它们的生活习性。现在我已经知道了蝉的生活习性、螳螂的身体结构和食物、蝗虫的危害、蚯蚓即使身体被截成几段也能存活下来等，这些知识带给我无穷的乐趣！在成长的过程中，我的眼界在变大，还有更多未知的领域和知识需要我通过学习和实践来探知。让我们一起去认识世界，了解生命，爱护生态，拥有美好的生活！

教师点评

《机智的小蜜蜂》这个微剧本让我眼前一亮，归纳起来这一微剧本有三大亮点：(1)富于童趣，画面感强。每每读到剧本中的情节，往往会浮想联翩，仿佛孩子们的表演就在眼前；此外，歌曲演唱与问答式情景表演相结合，形式多样，童趣十足。(2)通俗易通，知识性强。小编剧们将蜜蜂的科学知识以通俗易懂的语言巧妙呈现，让观众透过微话剧较为全面地了解了小蜜蜂的大世界。(3)富于哲理，教育性强。微话剧中将每一只蜜蜂的性格特点都刻画得淋漓尽致，给读者留下深刻印象。小编剧构思的巧妙之处还在于通过蜜蜂分工协作的知识，自然而然地引发孩子们对于“责任”的哲理性认识，将童趣、科学知识与道德教育渗透、融合于微话剧中，堪称典范。

——曹静

引吭高歌的蝉

刘思影　张雅惠

旁白：小河边的柳树下住着一群小蚂蚁。七月天气闷热，炎炎烈日烤得大地都无精打采的，蚂蚁小雅转悠了一天也没有寻找到好吃的甜点。终于盼到黄昏，太阳落山了，小雅回到洞口准备回家吃晚餐，她看到柳树枝叶间有一个陌生的面孔——蝉思思。

小雅：嗨，你好，小妹妹，我是蚂蚁小雅，你这是从哪里来的啊，怎么灰头土脸，弄得这么脏啊？

思思：(一边向树上攀爬一边说)我可不是小妹妹，我是一只在地下蛰伏了 17 年的蝉，我叫思思，不过这还是我第一次来到地面上呢。

小雅：你别吹牛啦，17 年都不出来找食物，这怎么可能办到？我就一天没吃到甜点就饿得前胸贴后背了，你不饿吗？

思思：我没吹牛，真的。我们靠吸食树木的汁液生活啊！

小雅：那为什么 17 年后才从地下钻出来，而不是住 16 或 18 年呢？

思思：我们一般在树下住 17 年，我们是质数蝉！

小雅：质数？好吃吗？

思思：质数不能吃，这是一个数学名词，不过我们也不是数学家啦，在地下生活 17 年只是为了躲避我们的天敌。

旁白：蝉思思边聊边往上爬，她要在柳树顶上羽化蜕皮。用了整整一个晚上的时间，她把身上的那件土外套脱掉了，现在她成了一只真正的蝉，她正趴在树枝上展望新生活呢！

旁白：清晨，小雅又出来觅食了，她并没有认出思思。

小雅：你好，请问你看见一只 17 年蝉了吗？它叫思思。

思思：我就是思思啊，我现在羽化变成了一只真正的蝉啦，昨天晚上我辛苦了一晚上，现在我终于可以飞了。

小雅：（满脸的羡慕和好奇）你是怎么羽化的，怎么还有翅膀啊，你可以教我羽化吗？

思思：我们羽化蜕皮是由一种激素控制的，这是我们的本事，你是做不到的，但我可以给你介绍一下。当我们的蝉蛹背上出现一条黑色的裂缝时，羽化的过程就开始啦。我的前腿要呈钩状，这样，当我从空壳中出来时，它就可以牢牢地挂在树上。我还必须垂直面对树身，这一点非常重要。这是为了我们的两翅的正常发育，否则翅膀就会发育畸形。我还要继续坚持，慢慢从盔甲一样的外壳中爬出来。昨天晚上我爬了一个多小时，我的上半身才获得了自由。

小雅：那你爬出来就有翅膀了吗？能飞吗？

思思：刚开始我的双翼很软，不过我身体里的体液管可以帮助翅膀展开。当液体被抽回体内时，双翼就变硬，可以飞了。不过我的兄弟姐妹中有的可不像我一样幸运，如果在我们双翼展开的过程中受到了干扰，比如一根树枝落在软翅膀上，我们都会终身残疾，也许就无法飞行啦。

思思：（指着树上的蝉）你看这些都是我的兄弟姐妹，我们是个大家庭呢！

旁白：树上的蝉都鸣叫起来，一边在树枝上引吭高歌，一边用它们尖细的口器刺入树皮吮吸树汁。

思思：小雅妹妹你口渴吗？我请你来吸吮树汁，这棵树的汁液可甜啦！

小雅：谢谢！这棵树的汁液一定很甜，不然你的家人怎么会那么畅快地吮吸呢？不过，为什么你的家人们叫得这样响亮，你却不会叫呢？

思思：会鸣的蝉是雄蝉，它的发音器就在腹部。雄蝉为了发音，常趴在树干上，扭动腹部来调节发出的声音。雌蝉没有发音器，不能发声，所以我们是“哑巴蝉”。

小雅：（惊呼）黄雀！

思思：黄雀看到我绝对不会嘴下留情的，我还是赶紧逃命吧！

作者简介

刘思影　张雅惠

我是刘思影，今年10岁了，是芳草地国际学校万和城实验小学五年级(4)班的一名小学生。我喜欢画画、喜欢跳舞，也很喜欢小昆虫，尤其喜欢美丽的蝴蝶。放暑假的时候，我经常拿着相机在小区里面拍昆虫。有一次，我看到两个7岁左右的男孩拿着网子在追蝴蝶，蝴蝶在他们的围追之下摇摇欲坠。我赶紧上前拉住两个小弟弟，给他们看我拍摄的美丽的蝴蝶的照片，还告诉他们各种蝴蝶的名字和生活习性，还有辨别它们的方法。他们听得入迷了，都要和我一起拍摄、研究蝴蝶呢！

我是张雅惠，一名小学五年级的学生。平时我喜欢安安静静地坐在椅子上看书，我尤其喜欢法布尔爷爷写的《昆虫记》，每天我都会翻开看一会儿，并幻想昆虫们的生活。我的日常画作和手工作品也大都和昆虫有着密切的关系，而且我家书架上有《昆虫记》的全册，我已经看了不下20遍，可以说是滚瓜烂熟了呢！我有一个图画本，上面全是我关于昆虫的画，里面有枯球箩纹蛾、菜粉蝶、各种小蚂蚁等昆虫速写。画里的每种昆虫旁边都有相关的介绍，每段介绍旁边都有我精心制作的标签。我会一直热爱昆虫！

教师点评

这部微话剧通过两只小昆虫的偶遇和对话，向我们介绍了蝉的蜕变过程、叫声、种类等知识，很自然地把观众吸引到了故事情节中，开阔了视野，还增长了见识。稚嫩的儿童语言给我们带来了最开心的笑声。引人入胜的故事情节设计合理，不单调，结尾处幽默且有深意，不拖拉。个性鲜明的小动物形象呈现在我们面前，可爱、有灵性，让我们对小动物的爱意油然而生，在轻松愉快中欣赏到了话剧的魅力。

——王京兰

蚕宝宝的一生

查石　沈一远

旁白：漂亮的大蚕筐里新铺了一层嫩绿的桑树叶。

蚕宝宝：(睁开眼睛)哇，好一个绿色的世界啊！[张开小嘴“唼唼唼唼”地吃起来(配乐)]嫩嫩的桑叶真香真好吃呀！

蟋蟀娃娃：(蹲在屋子的角落)是谁在演奏音乐呀？(然后顺着声音跳了上来，见到黑黑的小小的蚕宝宝)咦？你是谁啊？是你在演奏音乐吗？

蚕宝宝：我是蚕宝宝，我不是在演奏音乐，是在吃桑叶。这桑叶可好吃了，你是我来到这个世界上遇见的第一个好朋友，请你也来吃吧！

蟋蟀娃娃：(自言自语)这小家伙真有礼貌啊！(然后对蚕宝宝说)我是蟋

蟀娃娃，我不吃桑叶的，谢谢你啊！你吃桑叶的声音真得像是一种很好听的音乐。

蚕宝宝：（笑着）我刚刚出生，就有了朋友，真好！你要是喜欢听，我就天天给你“演奏”。那你也要天天来看我，好吗？

蟋蟀娃娃：好啊好啊——认识你我也很高兴，这样我们都不会感到孤独和寂寞了。你知道吗？我会唱歌，你喜欢听的时候我就给你唱。［说完就“蛐蛐蛐蛐”地唱了起来（配乐），蚕宝宝听了使劲地拍起小手来］

旁白：蚕宝宝要快快长大，就要多多地吃桑叶。它吃桑叶的时候，蟋蟀娃娃就听到了好听的音乐，蟋蟀娃娃有的时候就一边听一边唱起来。“唼唼唼唼”“蛐蛐蛐蛐”（配乐），他们一起合奏动听的音乐，都快乐极了，谁也不觉得孤独和寂寞了。快乐的日子过得很快，一晃，两三天过去了。

蚕宝宝：蟋蟀娃娃，我该上山到桑树上去了。

蟋蟀娃娃：好朋友要在一起不分离，我也跟你一起上山去。

旁白：蚕宝宝和蟋蟀娃娃上山了，“唼唼唼唼”“蛐蛐蛐蛐”（配乐）。不知不觉，又过去了一天。

蟋蟀娃娃：咦，今天怎么突然听不见蚕宝宝的“音乐”了，蚕宝宝怎么了？生病了吗？（爬到蚕宝宝住的桑树上）

（蚕宝宝高高地昂着头）

蟋蟀娃娃：你这是在做什么呀？（蚕宝宝像是没有听见，没有回答，仍然是高高地昂着头，一动也不动）“呜呜”，蚕宝宝一定病了，我得马上去请医生来。（快速地跳着去请啄木鸟医生）

啄木鸟医生：（看了看蚕宝宝，笑了）蚕宝宝没有病。

蟋蟀娃娃：那她怎么一点儿反应也没有啊？

啄木鸟医生：蚕宝宝在睡觉，这一觉要睡一天多呢！这第一次睡觉就叫“头眠”。在昆虫里，甚至在动物里，高昂着头睡觉的只有蚕。因为这样的睡觉姿势便于血液流遍全身的各个部位，使得所有的皮肤软化，便于蜕皮。蚕宝宝睡觉是为了长大，睡一觉就蜕掉一层皮，就长大一些。

蟋蟀娃娃：(点点头)啄木鸟医生，我明白了。(边跳边叫)太好了，蚕宝宝没有生病!

蟋蟀娃娃：(失落地自言自语)一天多听不到蚕宝宝的音乐，多难熬呀!可是我不能叫醒它，那会影响它的生长。(突然，摸摸脑袋)有办法了，我就到桑树上看着它吧。

旁白：第二天晚上，月光洒向大地。蟋蟀娃娃在桑树上睡觉，忽然听到了自己熟悉的“嗖嗖嗖嗖”的音乐(配乐)。

蟋蟀娃娃：是蚕宝宝睡醒了!(乐得它马上唱起了“蛐蛐蛐蛐”的歌儿)

(第三天一大早)

蟋蟀娃娃：(跳到了蚕宝宝的身边)哈喽，你好!

蚕宝宝：(高兴地)早上好。

蟋蟀娃娃：(仔细看了看蚕宝宝，很是奇怪)你……你怎么由黑色变成白色了？你是别的虫虫吧？蚕宝宝？

蚕宝宝：我就是蚕宝宝啊。

蟋蟀娃娃：不对不对!(说着就跑去找啄木鸟医生)

蟋蟀娃娃：(气喘吁吁地)啄木鸟医生，蚕宝宝睡觉醒来就不见了，那里现在有一个变大了的白色的虫虫了，求求您，帮我找到蚕宝宝吧。

啄木鸟医生：哈哈哈哈，不用找哇，那变大了的白色的虫虫就是蚕宝宝。我上回忘记告诉你了，蚕宝宝的“头眠”睡醒了以后会蜕去黑色的皮，穿上白色的衣服。有首歌儿是这样唱的：“蚕宝宝真稀奇，小时候穿黑衣，一觉醒来蜕层皮，一身黑衣变白衣。”

蟋蟀娃娃：哦，是这样啊!谢谢您!我得马上回去了。

蟋蟀娃娃：(回到蚕宝宝的桑树上)对不起，蚕宝宝!原来你还会变色呀，你真了不起！这一天多你一直在睡觉，我听不到你的音乐，感到好寂寞呀。这回好了……

蚕宝宝：没什么呀！我也很想你的，也一天多没有听到你的歌声了。

蟋蟀娃娃：那我这就唱给你听。（“蛐蛐蛐蛐”地唱了起来）

（蚕宝宝吃起桑叶，发出“唦唦唦唦”的声音）

旁白：又过了五六天，蚕宝宝又睡觉了，还是头昂得高高的，岿然不动的样子。蟋蟀娃娃知道这是蚕宝宝的“二眠”了，就不打扰它了，仍然是天天在桑树上守护它。一等就是两天多。

（又一天早晨，蚕宝宝醒来了，扭了扭身子）

蟋蟀娃娃：（瞪大了自己的小眼睛）蚕宝宝，你醒了？你这次没有变颜色，还是白衣服，但长大了好多，比我都大很多呢。

蚕宝宝：是的，我长大了，我们一起演奏吧！

旁白：蚕宝宝和蟋蟀开始演奏，桑树上欢乐的气氛把花蝴蝶、红蜻蜓和小蜜蜂都引来了，跟它们一起唱歌跳舞。

蟋蟀娃娃：朋友们，蚕宝宝七八天后还要“三眠”，两三天后睡醒；再过八九天就“大眠”了，四天后醒来。蚕宝宝睡觉的时候不要打扰它。

花蝴蝶、红蜻蜓和小蜜蜂：（异口同声地）好的，我们和你一起守护蚕宝宝。

旁白：又过了很多天，风吹得树叶“沙沙”响。

（蚕宝宝扭动身子，从“大眠”中醒来了）

蟋蟀娃娃：朋友们，蚕宝宝醒来了！

花蝴蝶：蚕宝宝你好！

红蜻蜓：蚕宝宝你好！

小蜜蜂：蚕宝宝你好！

蚕宝宝：谢谢大家，谢谢你们一直守护着我。但是现在天气渐渐地凉了，早晚还有寒露。你们都回家吧，不要在这里守着了，凉着了会生病的！

蟋蟀娃娃：那你呢？你在这里不怕着凉吗？你也和我一起回家吧！

蚕宝宝：（摇着头）我和你不一样，我习惯在这里，过几天我会造个“房子”！

蟋蟀娃娃：你会造“房子”？那我和你一起住进去，天天在一起多好啊！

蚕宝宝：那可不行！我们造的“房子”只能是自己住。

蟋蟀娃娃：哦，那我现在也不回去，还和你在一起。

旁白：就这样，桑树上仍然时时响起“唛唛唛唛”和“蛐蛐蛐蛐”的悦耳动听的音乐，花蝴蝶、红蜻蜓和小蜜蜂也和蚕宝宝、蟋蟀娃娃快乐地唱歌和跳舞。

（又一天早晨）

蟋蟀娃娃：（伸了个懒腰，四处看了看）咦，蚕宝宝呢？（接着大喊）蚕宝宝不见了，大家快帮我找蚕宝宝啊！

旁白：花蝴蝶、红蜻蜓和小蜜蜂听到了蟋蟀娃娃的话，都赶紧飞来了，找啊找，终于发现了一个灰白色的小“房子”立在大大的桑树叶子上。

花蝴蝶：大家快来看，这里有一个灰白色的“小房子”。

蟋蟀娃娃：蚕宝宝住在这“房子”里吗？

花蝴蝶、红蜻蜓和小蜜蜂：应当是住在这里的，因为头些天我们看见蚕宝宝在吐那灰白色的丝儿，就那么一点儿一点儿地把自己“圈”在里面了。

蟋蟀娃娃：（担心地说）那蚕宝宝住在这里不就饿坏了吗？我得去问问啄木鸟医生。

（蟋蟀娃娃刚要去，啄木鸟医生就来了）

啄木鸟：（笑着说）不用找了，我来了。蟋蟀娃娃，你放心吧！蚕宝宝不会饿到的，她就是这样生长的，住进她自己造的叫作“茧”的“房子”里，不用吃也不用喝，变成了蛹，等到一个星期后就会羽化成蛾，从“房子”里钻出来。

蟋蟀娃娃、花蝴蝶、红蜻蜓和小蜜蜂：（齐声说）太好了，一个星期后，我们又能见到蚕宝宝了！

旁白：一个星期过去了，蚕宝宝就要从茧里出来了，朋友们都守候着它。

（一天早晨）

蚕宝宝：（咬破蚕茧，从里面钻出来，变成了蛾子爬来爬去）

蟋蟀娃娃、花蝴蝶、红蜻蜓和小蜜蜂：（鼓掌）蚕宝宝，你终于出来了，我们又可以一起玩耍了。

蚕宝宝：朋友们，我不再是宝宝了，我出来就是要生小宝宝的，我马上就要做妈妈了。

旁白：大家惊奇地看着小蚕蛾飞来飞去，一会儿，小蚕蛾在一片纸上撒下一粒粒蛾籽。

蚕宝宝：朋友们，这些就是我的孩子，等到明年春天他们会变成一个个可爱的蚕宝宝，到时候，他们会代替我与你们一起演奏、玩耍。

蚕宝宝：朋友们，帮我好好照顾我的孩子们，我要走了，再见了，朋友们。（向远方飞去）

蟋蟀娃娃、花蝴蝶、红蜻蜓和小蜜蜂：蚕宝宝，你去哪儿？

（蚕宝宝没有回答）

啄木鸟医生：蚕宝宝撒完籽后，过几天就会死去，她也许不愿意让你们看到后伤心，所以飞走了。

（一阵沉默）

蟋蟀娃娃：来——我们把蚕宝宝的孩子抬回到屋子里，免得冬天冻坏了，让我们替蚕宝宝照顾好她的孩子们。

旁白：蟋蟀娃娃、花蝴蝶、红蜻蜓和小蜜蜂簇拥着啄木鸟，把蚕宝宝的孩子放到了他们出生的那个“屋子”里，盼着明年春天的到来……

作者简介

查石　沈一远

我叫查石，我与昆虫的相识、相知，乃至现在的热爱都来源于对于蚂蚁的好奇。

在我很小的时候，特别爱玩土，经常拿个小铲子到处铲坑、挖土。玩的时候我发现地上有很多的蚂蚁，有的独自爬来爬去，有的成群结队搬东西，这引起我特别大的兴趣。我经常问爸爸妈妈一些相关的问题，爸爸妈妈有的不知道就去网上查找相关知识然后告诉我，我因此知道了蚂蚁是昆虫，以及昆虫的特征，初步对昆虫有了兴趣。这时爸爸妈妈为我买来了《昆虫记》，我爱不释手，对昆虫的认识更是加深了。

有一次，科学老师发给我们一些蚕卵，我把蚕卵带回了家，开始饲养蚕宝宝。每天帮它采摘桑叶、喂食、打扫卫生，没事就会去看看蚕宝宝。看到蚕宝宝一天天长大，我很是惊奇。直到蚕宝宝成蛹，吐丝，产卵完成了自己的一生。在这之前我从未有过这样的耐心和细心。

我叫沈一远，是北京市朝阳区芳草地国际学校万和城实验小学六年级(4)班的学生。我喜欢阅读、爱好画画、酷爱大自然，善于思考。我从小就喜欢鸟、虫、鱼、龟、恐龙等动物，经常在爸爸妈妈的陪同下，去野外或到北京自然博物馆观察学习，从而获得了许多在课堂上学不到的知识。在去年的一次课外学习活动中，我参与了养蚕和缫丝的整个过程，并在科学老师的指导下，利用科学仪器观察蚕丝、丝绸的结构和特性，最后用文字和图片记录下来，形成了一个课外学习成果——《我的蚕丝探索之旅》。这个成果具体而生动，给人以启示，获得了朝阳区中小学创新性学习成果银奖。

教师点评

看到你们写的微剧本，首先让我想到了你们平时画的那些昆虫，每一幅画得都是那样惟妙惟肖，可见这些小昆虫已经深深地印在你们脑海中了。你们平时特别喜欢看科普类的书籍，说起来的时候也头头是道，大家都有目共睹。这次终于付诸行动，把这些小昆虫放到了你们的剧本中。剧本语言流畅生动，描写细致具体，尤其是蚕宝宝和蟋蟀娃娃的友情，写得特别感人。剧本中还融入了许多科普知识，供大家学习。剧本的想象力丰富，对细节的刻画传神，很好地反映了昆虫们的内心世界，这是剧本的成功之处。可以看出你们写这个剧本花费了很多的心血，希望你们的剧本可以排成一台小戏剧，被更多的人所熟知。

——刘洁

蜉蝣的一生

李欣阳　朱梦瑶　朱轩延

［第一幕］

旁白：在一个安静的傍晚，在一条小河边，一只小蜉蝣从水里探出了头。紧接着，数百万只刚破壳的蜉蝣从水里猛地飞起。在这么多密密麻麻的蜉蝣中，有两只特别聪明的小蜉蝣正在左顾右盼。它们分别叫小浮和小游。

小浮：你好，小蜉蝣！我叫小浮，你叫什么？

小游：我叫小游。

小浮：很高兴认识你，小游！话说我们那么多的兄弟姐妹要去哪里啊？

小游：我也不知道。你看那边，有好多虫子在聚会呢，我们也去看看吧。

［第二幕］

旁白：小浮和小游来到了池塘边的音乐晚会上。蜻蜓、萤火虫、水蛭、瓢虫、蛐蛐……好多昆虫啊！它们正在开心地舞蹈，快乐地唱歌！

小浮：今天晚上真有意思！真希望每晚都是这样啊！

小蜻蜓：你们怎么来了？你们可能还不知道，只能有这么一个晚上啦！你们变为成虫后的寿命只有一天啊！

小游：啊？为什么？

老蜻蜓：啊，原来有两只蜉蝣来了啊。你们啊，是最原始的有翅昆虫，复眼发达，中胸较大，前翅发达，后翅退化，腹部末端有一对很长的尾须。你们在漫长的进化中口器渐渐消失了，所以你们不能进食。还有，你们的生命只有短暂的一天。你们要抓紧时间长大成虫，交配，产卵，最后就死去啦！不过，在你们成年前，你们已经活了1—3年啦！

小游：啊，这样啊，我们长大了反而生命缩短了，我们的命运好悲惨呀！

小浮：别感慨了，那我们就赶紧去完成我们的使命吧！

[第三幕]

旁白：小浮和小游听了老蜻蜓的话，开始履行它们生命的职责。它们不吃不喝，交配产卵，最终死去。

[第四幕]

旁白：这就是蜉蝣的一生，前期慢慢地积累，后期生命虽然短暂，但是也竭尽全力完成自己的使命。自然界有很多这样神奇的事情，等着我们去发现呢！

作者简介　李欣阳　朱梦瑶　朱轩延

大家好！我是三年级(1)班的李欣阳，今年8岁了，是个性格开朗的小男孩。我喜爱体育运动，足球场上，总能看到我的身影；我很爱看书，尤其是一些自然科学类的书更能吸引我的眼球，我常常看得入迷，妈妈叫我我都不知道。我还有一个特别的爱好就是观察昆虫，这是因为看了法布尔的《昆虫记》，那里面介绍了很多五彩斑斓的小昆虫。一到周末，我就在小区楼下的草丛中搜寻和观察昆虫，有七星瓢虫、甲虫、天牛、独角仙、蚂蚁……这些都是我的宝贝。这就是我，一个梦想成为昆虫学家的我。

我是芳草地国际学校万和城校区三年级(1)班的朱梦瑶，我喜欢昆虫，喜欢看《昆虫记》。书中生动而真实地记录了昆虫的一举一动，通过阅读此书，我知道了很多昆虫知识，其中有几种昆虫给我留下了深刻的印象。萤火虫在

迷人的夏夜成群结队地在青草中漫游，它们就像一颗颗小星星，发出微微的光，可爱极了！爸爸曾经给我抓过几只，我把它们放到一个玻璃瓶里仔细观察，发现每只后面挂了一盏小灯笼，有的还在腰上系了条色彩绚丽的腰带，想必这是爱美的雌萤。雌萤火虫没有翅膀，不能飞翔，她们只能在叶子上、草地上静静地观看雄萤火虫翩翩起舞。雄萤火虫们时而一串串、一排排，像银带般在树林间穿梭、缠绕，展现骄人的舞姿。萤火虫奇妙而可爱，值得我好好研究。

我是三年级(1)班的朱轩延。我乐观开朗，积极向上；爱好广泛，喜爱钻研。

我最喜欢的就是研究动物啦！因为动物有灵气：你有话，它会静静地听；你说完，它会表示赞同或理解；你无聊，它会在你身边逗你玩。

最近，我迷上了昆虫，并且参加了学校的法布尔社团。在沈老师的带领下，我进入了一个奇妙的昆虫世界。我能想象昆虫生活的画面：蝉在歌唱，蟋蟀在管理家务，蜘蛛在捕获食物，甲虫在搬运食物……昆虫的生活也如同人类，多姿多彩、变化万千。

我真想成为一个昆虫学家！我会仿造昆虫做各种各样的机器：仿造蝴蝶

做一个旅行屋；仿造蜜蜂做一个吸蜜器；仿造蜻蜓做一个捕虫机器人；仿造苍蝇做一台品味机……

我还要像法布尔一样，在一个昆虫经常出没的地方建一个乡间研究室，专心致志地研究昆虫。如果我是昆虫学家……啊！好处太多了！

你想不想和我一样，当一名昆虫学家呢？

教师点评

通过你们写的微剧本我可以感受到你们平时一定看了很多科学类的书籍，真是爱读书的好孩子。文章选材新颖，把小昆虫拟人化，采用童话的形式，激起读者读下去的兴趣。文章科普性强，运用了很多你们从课外书上学到的知识，把小蜉蝣短暂的一生细致地描绘出来，使读者仿佛置身于梦境一般。文章想象合情合理，语言流畅生动，贴近生活实际，读来令人备感亲切。希望你们的剧本可以排成儿童剧，让更多的老师和同学观赏。

——李海燕

蝈蝈小弟觅食记

李祥雨　金慧琳

（树林里音乐响起）

蝈蝈小弟：（唱歌）大家好！听到我的歌声，你们能知道我是谁了吗？不不不，我不是蛐蛐，我是蝈蝈。我们蝈蝈一族和蛐蛐可是有很大区别的。首先，我们身体的颜色不同。草绿色或者褐绿色是我们美丽的外衣，而蛐蛐是黄褐色还发黑。其次，我们的叫声也不一样。千万不要把我们弄错了……今天天气不错，我都唱了半天歌了，肚子很饿，出来找点吃的。

［第一幕：小河边］

（呈现背景图：小河边景色迷人，潺潺的流水，河岸两边是绿绿的草地）

蝈蝈小弟：我跳，我跳，我使劲儿跳。怎么这里只有草啊，草叶子也填不饱我的大肚皮啊。我快跳不动了，浑身也提不起劲儿啊！

蝈蝈大宝：小弟，你也出来找吃的啦，这里没有多少好吃的，跟我来，我找到一些野果子，味道还不错。

蝈蝈小弟：好啊大哥，遇到你太好了！有果子吃啦！

（两只蝈蝈边唱歌边出发）

［第二幕：林子里］

（呈现背景图：山林里树木葱茏，糖梨子挂满枝头）

蝈蝈小弟：啊，这么多果子，又美味又解渴。我先吃啦。啊，这怎么是涩的？一点儿也不香甜啊！（一边吐一边“呸呸呸”地叫着）

蝈蝈大宝：小弟，你吃的那些果子还没熟透，你找那些变黄的吃，又面又甜可好吃啦。

蝈蝈小弟：哦，不早说。这儿有，我尝尝，嗯，的确不错，谢谢大哥！

旁白：蝈蝈俩兄弟在山林里一边吃着野果子，一边聊天。

蝈蝈小弟：大哥，你说我吃了草叶子，也吃了野果子，怎么感觉还是没劲儿啊？还想吃东西。这是为什么呢？

蝈蝈大宝：这个我知道，前几天爸爸带着我吃了一顿美餐，你猜猜是什么？

蝈蝈小弟：能是什么？还美餐，我不管别的，只要吃完能让我浑身有劲儿就成。

蝈蝈大宝：一看你就没吃过。看到过这么大个儿(做手势)、声音比咱们还大的蝉吗？

蝈蝈小弟：什么？蝉？我知道这些家伙叫声非常大，吵死人了。可他们比我们的身体大这么多，怎么吃得了呢？

蝈蝈大宝：这你就不知道了吧。走，我带你碰碰运气去。

[第三幕：树林里有蝉鸣的地方]

(传来一阵蝉叫声)

蝈蝈大宝：小弟，你听，这附近就有蝉。怎么样，如果捉住一只，对咱俩来说，那可是一顿大餐啊！

蝈蝈小弟：蝉的个头太大了，我不知道怎么才能捉住他们。

蝈蝈大宝：小弟你得知道，我们长着有力的大颚、锐利无比的钳子，而蝉是没有武器的，所以，只要我们勇敢地去进攻，就能够捕获到比我们个头大的蝉。对了，最好在蝉休息的时候进攻他们。

蝈蝈小弟：好的，我听你的。大哥，你看，那棵树上有一只蝉好像在睡觉啊。

蝈蝈大宝：太好啦，机会来了，看我的。

旁白：蝈蝈大宝跳起来快速咬了一口那只正在休息的蝉。那只蝉小宝整天懒洋洋的，不爱运动，被咬了一口后，疼得一下子跳了起来。蝉小宝和蝈蝈大宝一起从树枝上掉了下来，掉到了草丛里。蝈蝈大宝仍然啄着蝉的肚子不松口。蝈蝈小弟一看马上跳过去也试着咬。

蝉小宝：你们两个该死的，咬死我了，我爸爸就在附近，看他回来怎么收拾你们。唉哟，唉哟，我的肚子！我动不了了，爸爸妈妈快来救我啊！

旁白：蝉小宝在垂死挣扎着，但是两只蝈蝈的轮番进攻让他毫无还手之力。不一会儿，蝉小宝扑腾几下就一命呜呼了。

蝈蝈大宝：味道如何，小弟？

蝈蝈小弟：太好吃了，没想到“小鲜肉”的味道这么美好啊，尤其是肚子部位的肉，太鲜美了！

蝈蝈大宝：怎么样？身上有劲儿了没？

蝈蝈小弟：现在的我能量满满啊，我要高歌一曲，庆祝我的第一顿美餐。（高兴地唱起了歌）

旁白：蝈蝈属于杂食动物，黄豆、白菜、胡萝卜以及玉米粉等都可以吃，尤其喜欢吃昆虫。野生蝈蝈主要以捕食其他昆虫及田间害虫为生，是田间的卫士！

作者简介

李祥雨　金慧琳

我叫李祥雨，今年8岁，是芳草地国际学校万和城实验小学三年级的学生。生活中，我喜欢在大自然中快乐玩耍，喜欢观察昆虫。无论是在小区里，还是在山林里，我都会被小虫子所吸引。下雨天，我和妈妈一起到小区里找小蜗牛，在路上还能碰到蚯蚓；夏天的夜晚，走在公园或者小区里，我喜欢听昆虫大合唱，那声音可真是令人震撼啊。生活中偶尔还能看到蛐蛐或者蝈蝈。这些昆虫就像大自然的小主人，我想去了解它们的生活，走进它们的生活……

我叫金慧琳，今年 8 岁，上小学三年级，我喜欢画画、唱歌，我也很喜欢昆虫。虽然有的昆虫长得不好看，但却非常可爱。

我最喜欢的昆虫是蝴蝶，因为蝴蝶的翅膀有五彩缤纷的颜色，非常漂亮。蝴蝶就像仙子一样在花丛中飞舞，传播花粉。蝴蝶的生长经历了卵—毛毛虫—蛹—蝴蝶这几个过程，完成了美的蜕变。我喜欢它，希望我能像它一样，长大以后也能绽放我的美丽！

教师点评

《蝈蝈小弟觅食记》写的是蝈蝈大宝和蝈蝈小弟捕捉蝉小宝当美餐的故事，通过两个主要人物的动作和语言将故事表现出来。故事情节生动有趣，儿童化的语言幽默风趣。同时这个故事传递出了很多自然科学的知识，能帮助学生了解蝈蝈的习性，让学生了解到蝈蝈属于杂食动物，可以吃黄豆、白菜、胡萝卜等，尤其喜欢吃其他昆虫。这个剧本既有趣又能传播知识，这种游戏化、活动化的学习方式也非常适合小学生。

——张冉

水蚤兄妹变蜻蜓

杨金玉　邱译萱

旁白：在寂静的草原上，有一个美丽的湖泊，水面清澈，风景如画，草原上的小动物每天都会来湖水边游玩嬉戏。在一丛水草中，沉睡着一对水蚤(chài)兄妹。清晨的第一缕阳光照到湖面上，湖里面的小动物叽叽喳喳地醒来。水蚤妹妹伸了一个懒腰，睁开了它那美丽的大眼睛。突然，水蚤妹妹发现了一个好玩儿的现象。

水蚤妹妹：哥哥，我的身体是黄颜色，你的身体是黑颜色，为什么我们俩的颜色不一样啊？

水蚤哥哥：妹妹，我们身体的颜色跟我们栖息的环境的颜色很像，这叫作保护色。因为你那边是黄色的泥土，所以你的身体是黄色的。

水蚤妹妹：(大眼睛忽闪忽闪地眨了几下，好像听懂了)哥哥，这样子的话，坏人就不会轻易发现我们了。

水蚤哥哥：真是一个聪明的小朋友，对呀，我们的保护色可以让我们安心地睡觉、玩耍，那些凶猛的大鱼看不到我们，就不会来袭击我们了。

旁白：在兄妹的聊天声中，水蚤妹妹的肚子发出了“咕咕”的叫声，妹妹露出了尴尬的笑容……

水蚤妹妹：哥哥，我们一起去找点吃的吧！我饿了，肚子都发出叫声了。

水蚤哥哥：妹妹，我们等会儿再出去吧，水草外面有危险，我们出去容易被其他的动物吃掉，万一变成人家的早餐就糟糕了。

旁白：太阳越升越高，水面上游过来一群小蝌蚪，他们好像在找妈妈。

水蚤妹妹：哥哥，你快看，我们的早饭送上门了。

水蚕哥哥：太好了，哥哥带你去吃大餐。

（兄妹俩手牵着手向前游，跟在这群小蝌蚪的后面。他们俩将腹部所吸的水向后喷出，迅速移动，然后快速伸出了折叠式的口器，并用前方的双钩夹紧了猎物，很快，兄妹俩就各自咬住了一只小蝌蚪）

水蚕妹妹：（狼吞虎咽）嗯嗯，这只小蝌蚪好美味，最近几天减肥，真是饿坏我了。

旁白：就这样过了一天又一天，水蚕妹妹厌倦了水草里的生活。在一个清晨的早上，她向哥哥表明了自己的想法。

水蚕妹妹：我的好哥哥，你答应我好不好，我们一起去外面的世界看一看吧，在这里待着可没意思了……

旁白：在水蚕妹妹的哀求声中，哥哥答应了妹妹，他们一起游啊游，终于来到了湖水的中心地带，这时有一道黑影闪过，把兄妹俩都吓了一跳。

水蚕妹妹：哥哥，那是什么东西，好害怕啊！

水蚕哥哥：妹妹快点跑，这是一条吃肉的大鱼，我们快点跑！

水蚕妹妹：啊，哥哥救命啊！

水蚕哥哥：我们的尾巴有刺，可以攻击大鱼，咱俩一起上。

（兄妹俩成功地把大鱼赶跑了）

旁白：水蚕兄妹把大鱼赶跑了以后，小心脏还在扑通扑通地跳，他们就躲在石头缝隙里，等到天黑后才回到了水草中。经历过这件事情后，兄妹俩都有了很大的进步。就这样，兄妹二人慢慢地长大了……在一个晴朗静谧且风和日丽的夜晚，兄妹俩的身体开始魔幻般地变化了。

水蚕妹妹：这么黑的夜晚，我们不能在白天变身吗？

水蚕哥哥：我们这是在羽化，很快就能在蓝天白云下飞翔了。如果是在白天羽化，肉食动物会攻击我们，而且白天的温度高，翅膀干得太快，容易破裂。

水蚕妹妹：嗯嗯，哥哥说得有道理哦。

水蚕哥哥：以后我们就是蜻蜓了，再也不叫水蚕了。

旁白：小小的欢呼声里，掩盖不住兄妹俩的喜悦。他们褪去了自己的外壳，当他们重新醒来的时候，发现身上长出了薄薄的翅膀，拍了几下翅膀，他们就学会了飞翔……

蜻蜓妹妹：终于可以自由地飞来飞去，感受微风，感受细雨，感受阳光和花香……

蜻蜓哥哥：对呀，我们终于可以自由地飞翔啦！

旁白：在夏季可以看到这样一对身影，有时在追逐害虫，有时在空中飞舞，他们幸福地生活着。

作者简介

杨金玉　邱译萱

我叫杨金玉，是芳草地国际学校万和城实验小学四年级(2)班的学生。最近，我参加了芳草法布尔社团，我深深地被这个社团吸引了。社团的沈老师用生动有趣的语言描述了数十种昆虫的生活习性，让我细致地了解了昆虫，为我开启了昆虫世界的大门。以前我并不喜欢昆虫，参加社团后，我觉得昆虫有时候也很有趣，很勤劳。如果没有蜜蜂，我们就不能吃到蜂蜜；如果没有蚂蚁，人们就很难体会到团结的力量；如果没有蝴蝶，大自然就不会有那么多美丽的花朵。我还懂得了看问题不能光听别人如何讲，更重要的是要自己去观察、思索、实践、探究，从而寻找正确的答案，而且观察事物要从不同的角度去观察，要一分为二地思考问题。

我叫邱译萱，我是一个热爱昆虫的孩子。有一次，学校组织去北京自然博物馆，我十分兴奋。到了博物馆，我走到一个展厅，映入眼帘的是各种各样的昆虫标本。我仔细观察，发现所有昆虫都有自己的特点，有的还因自己的特点而得名，如七星瓢虫、萤火虫……我最喜欢的就是蝴蝶的标本了。它们按照大小排列。看完这些昆虫以后，我脑子里出现了一个想法：世界上只有这些昆虫吗？我带着疑惑去了另外的展厅，还一直在想那个问题。最终，答案终于从口中说出："一定不是的！我也要向法布尔爷爷一样，发现一些人类未知的昆虫！"

我喜欢昆虫！因为它们是那么神奇！

教师点评

本剧编写精彩，情节生动，人物形象鲜明，蕴含着丰富的想象力。通过编排《水蚕兄妹变蜻蜓》这个故事，介绍了水蚕变蜻蜓的相关昆虫知识，不是枯燥地讲解，而是以学生喜闻乐见的短剧形式展现，非常有意思。同时，在编排过程中，学生搜集资料的能力、逻辑思维能力和团队合作能力得到了锻炼；不但能够激发学生对昆虫的兴趣，还能从中总结出一定的方法，提高学生的学习和活动能力。

——乔婕

天牛“退学”记

张紫辰

旁白：小天是一种天牛，主要危害松、柏、柳等木本植物；超长触角也是一种天牛，因其触角的长度是其身体的两倍而得名。

［第一幕］

超长触角：（焦急地）快跑啊小天，那个杀害咱们同胞的坏人要追上来啦！

小天：到……到空地了……咱们歇……歇会儿。

超长触角：不……不行！你没听到坏人的喊叫声吗？他们……他们马上就过来了！

旁白：小天累得一下子趴在地上，大口大口地喘着粗气，无论超长触角怎么叫，他都起不来了。

超长触角：你听你听，坏人的喊叫声越来越近了！

旁白：小天仍然不回答，继续趴着喘粗气，它实在是没力气了。

超长触角：（兴奋地）小天，快点起来！前面有一大片柳树，到了那里，咱们既能休息，又能填饱肚子！

旁白：谁知小天根本没听清，它抬了抬疲倦的眼皮，一副迷迷糊糊的样子。

小天：什么？

超长触角：哎呀，快走吧！

旁白：超长触角来不及解释，拉着小天就冲向了半空。小天不得不赶紧扇动几乎没有半点力气的翅膀，勉强地跟着前进。

［第二幕］

旁白：很快，前面出现了一片柳树林。看着那粗壮的树干、繁茂的枝叶，小天立刻明白超长触角刚才说了什么，它露出贪婪的目光，口水不知不觉地流了下来。

小天：看到前面的大树干了吗？咱们绕到后面去！

超长触角：好的！

小天：(拍着胸口喘气，一副庆幸的样子)终于甩掉讨厌的人类了！

超长触角：(得意扬扬)哈哈哈，看那群不会飞的坏人到哪里去找咱们！

旁白：休息了一会儿，它们便不约而同地朝树干看去，然后找准上面的缝隙，来不及交流，就张开大嘴咬了下去，然后大口大口地把碎屑吃掉，一会儿工夫，它们的身体就钻到了树干里。

小天：好吃！好吃！

超长触角：哈哈哈，真爽啊！

旁白：它们的肚子以肉眼可见的速度变得圆滚滚的，吃的速度也渐渐慢了下来。它们的眼睛渐渐地睁不开了，边打哈欠边伸了个大大的懒腰，然后找了个舒服的姿势美美地躺下，瞬间进入了梦乡。朦胧中，欢快的音乐响了起来，它们钻出树洞往外看去。原来，它们是在一所学校的操场里。做操时间到了，学生们正随着音乐整齐地进入操场。

超长触角：(甩开垂在眼前的触角)哎呀，这个地方也太棒了吧，不仅有好吃的，还有好听的音乐，正好还能健健身！(随着音乐扭了起来)

小天：嗯，在这个学校当个学生似乎也不错！

旁白：超长触角依旧不停地扭动身体，丝毫没发现身子越来越往外了。

小天：你快抓紧树干吧，别一不小心来个自由落体！

超长触角：(毫不在意地应付)好的，我知道！

[第三幕]

旁白：说话间，学生已经入场完毕。领操台上帅气的男老师正手持话筒，语调激昂地指着旁边的短发女生做介绍。

体育老师：同学们，上周五放学，这位女生给老师带操，动作规范，而且精气神十足。这周，我请她为全校师生带操。

（操场上响起了热烈的掌声）

超长触角：小天，这个女孩好棒！我也想去带操。

小天：哎呀！咱们的想法不谋而合，我也正有此意！

旁白：说完，小天摆了摆长筒形的身躯，挺了挺略扁的背部。要是可以的话，它真想“哞”一声，可惜它只是外形有点像牛。这时，音乐响起，女孩开始随着音乐带操。

超长触角：小天，我们也跳起来吧！

小天：好啊好啊！

旁白：超长触角把脚伸了出来，开始和学生一起做踢腿运动，还好它其余几只脚抓住了树干。小天的触角和躯干也开始跟着音乐扭起来。清风吹来，小天觉得真是太舒服了。不一会儿，到了跳跃运动的环节。

小天：这操好棒啊！

超长触角：没错，简直太符合我的喜好了！

旁白：它们叫着，却没注意到所有脚趾都松开了。随着“啊”“啊”两声惨叫，小天和超长触角从高高的树干上摔了下来，四脚朝天晕了过去。

［第四幕］

小天：（晃晃脑袋）啊，头好晕啊！

超长触角：（甩着长触角）这是哪儿啊？

旁白：忽然看到系在身上的线，它们俩都被吓到了。这时，它们躺在一张大桌子上，带操的女生和一位女老师站在旁边。看清自己的处境，它们俩都不敢出声了，颤抖的身体暴露了它们内心的紧张。要知道，不久前有几个同伴被人类无情地杀害了！

女老师：你知道这是什么昆虫吗？

女生：它们黑底白斑点，触角的分节处也是白点，应该是中华星天牛。

女老师：（摸摸女生的头）你比我这个科学老师懂得还多！你想怎么处理它们？

旁白：小天竖起耳朵，心怦怦直跳，它和超长触角对视了一眼，似乎都在说："完了！还是没能逃出人类的手掌心！"

女生：放了它们吧。

小天：啊？

超长触角：什么？放了我们？

旁白：小天和超长触角互相看着，眼里写满了震惊。

女老师：孩子，它们是害虫，放了它们，就等于是放虎归山，后患无穷呀！

女生：老师，我们应该尊重自然规律，即使是害虫，它们的存在也是有道理的。

旁白：老师赞扬地点点头。小天和超长触角拼命地向远处飞去，迅速地离开了校园，下定决心再也不踏进校园半步！

作者简介 张紫辰

我叫张紫辰，是五年级(2)班的一名小学生，对昆虫有着浓厚的兴趣。

小时候，我见过很多有趣的虫子，但都叫不上名。四年级时，班里有同学带来了《百问百答》漫画书，里面内容丰富、画面有趣，尤其是一本有关昆虫的书马上吸引了我。里面有一种昆虫叫独角仙，号称"甲虫之王"，因为它长着一只大角，身披厚厚的盔甲，样子像极了古代的将军，特别神气。还有一种昆虫叫鹿甲虫，外形和独角仙差不多，但两只角像鹿角，因此得名。它和独角仙一样，喜欢吸食橡树汁。但当它们同时去吸时，独角仙总会凭借自身的优势将鹿甲虫赶走。

这些内容越看越有趣，我就让妈妈买来一整套《百问百答》，一口气读完了里面有关昆虫的书。众所周知，昆虫分为头、胸、腹三个部分，一般来讲腿有三对，也就是六只。世界上的昆虫种类繁多，光是天牛就有两万多种！通过看书，我还了解到虽然现在大多数昆虫的身体都很小，但据说在恐龙时代，许多昆虫的身体都非常大，比如蜻蜓的祖先身体长度约有75厘米。后来在面临生存和繁殖后代的问题时，它们为了能够迅速逃跑及减少能量消耗，身体慢慢地变小了许多。

讲到这里，相信你已经感受到了我对昆虫的热爱与痴迷。大千世界，让我们一起去探索昆虫的奥秘吧！

教师点评

操场边大树上，两只天牛羡慕地望着正在开展丰富多彩的体育活动的孩子们……这样熟悉又有童趣的画面一定出自活泼可爱的小学生之手。本篇剧目的小作者张紫辰同学发挥丰富的想象力，为我们塑造了两个有突出个性的昆虫形象，用跌宕起伏的故事情节紧紧抓住了读者的眼球。当然，结尾孩子的善良和对小动物的关爱升华了主题，让剧本兼具科普性和人文性。

——郭稳

小蚂蚱长翅膀啦

骆宇豪

[角色介绍]

1. 淘淘——小蚂蚱　　2. 小博士——蚂蚱哥哥

3. 蚂蚱 A　　4. 蚂蚱 B

[第一幕]

淘淘：我是一只漂亮的蚂蚱，也叫蝗虫，我最爱吃鲜美可口的青草了。看，那边有一片绿油油的草地！

小博士：这草可真鲜美呀，我一定要多吃点！

淘淘：你好！你是谁呀？

小博士：你好，我是你的同类，也是蚂蚱呀！因为我知道的比别人多，他们都叫我“小博士”。

淘淘：小博士哥哥，那我问你，你说你也是蚂蚱，可为什么我的外衣是绿色的，你的却是棕色的呢？

小博士：这你就不知道了吧，我们蚂蚱有很多种类，有的是绿色的，有的是棕色的，还有黑色的呢。有的人也把我们叫作蚱蜢，但我们都属于蝗科。

淘淘：哦，是这样啊。怪不得你看起来和我不太一样呢。

小博士：看，我们都有大大的头，触角比较短，我们的腿很发达，尤其是后腿上的肌肉强劲有力，我们可是跳跃专家呢，一跳就能跳很远。

淘淘：哇！你懂得可真多！（羡慕的神情）真不愧是咱们蚂蚱里的小博士啊！上次我和蟋蟀比赛跳远，我“嗖”的一下就从这儿跳到了那棵树那么远，而他累得直喘气也没我跳得远，哈哈哈！

小博士：你来得正好，看，这里的草多鲜美呀，我们一起吃吧，吃饱了你才能长大个子呀。

淘淘：好啊！我最爱吃这样的草了！（吃啊吃）哎呀，撑死我了，我觉得我的肚皮要被撑破了。（捂着肚子）

小博士：哈哈，你是要蜕皮了吧。

淘淘：什么？蜕皮？怎么回事？这你也知道？

小博士：当然知道，就是像脱衣服一样把你的外皮蜕掉啊。

淘淘：啊？没有了外皮，我可怎么活呀！我不要蜕皮，我不要蜕皮……（急得要哭了）

小博士：别着急，别怕，我们蚂蚱一生中要蜕好几次皮呢，每蜕一次皮，我们就长大一些，旧的皮蜕掉了，新的皮也就长出来了。

淘淘：是吗？蜕皮了就能长大了？

小博士：是的，你看，现在我们的身上只有翅芽，等我们第五次蜕皮后，就能长出翅膀，就可以飞了。难道你不想在天空中自由地飞翔吗？

淘淘：真的？我还能长出翅膀？还能在天上飞？

小博士：当然了，我们长出翅膀后，能飞很长的距离呢！我再蜕一次皮就能长出翅膀了。

淘淘：哇！太棒了！我要飞我要飞！（高兴得边蹦边拍手）哎呀！我的身体裂开了！

小博士：别怕，你开始蜕皮了，来，使劲儿！加油！

淘淘：我一定要长大，要长出翅膀！嘿哟，使劲儿！嘿呦，加油！我成功啦！

小博士：看，你刚蜕下的皮多漂亮！

淘淘：哇，是啊，还是透明的呢。

小博士：等你再蜕几次皮，就能长得和我一样大了，到那时，你就快长出翅膀了。

淘淘：好期待那一天早点到来啊！

[第二幕]

（过了一段时间）

淘淘：哎呀！时间过得好快呀！

蚂蚱 A：是呀，我这几天觉得浑身难受，是不是要生病啊？

蚂蚱 B：我也觉得不舒服呢，老是很困。

淘淘：我也有点身上发紧。让我摸摸，没事，你没发烧。

蚂蚱 A：那我怎么觉得浑身疼啊？

淘淘：对了，是不是又要蜕皮了？

蚂蚱 B：是呀，我们已经蜕过四次了。

淘淘：这么说，再蜕一次，我们就能长出翅膀来了！

蚂蚱 A：（拍手鼓掌）哇！真是太好了！

蚂蚱 B：我们的翅膀就要长出来啦！

淘淘：让我们赶快到叶子上去，把身体垂下来，静静地等着吧。

蚂蚱 A、B：好，咱们一起去。

[第三幕]

（蚂蚱们爬到叶子上，把身体垂下来……慢慢地，蚂蚱们的身体从旧壳里爬了出来，他们抖动着刚长出来的翅膀，兴奋地叫着）

淘淘：快看，我的翅膀长出来了！

蚂蚱 A：我也是啊！我们有翅膀啦！

蚂蚱 B：太棒啦！我们有翅膀啦！

淘淘：我们赶快把翅膀晾干，等它变硬，我们就能飞了。

（蚂蚱们轻轻地挥舞着翅膀）

蚂蚱 A：嗯，我的翅膀变硬了！

蚂蚱 B：真的，我能飞啦！

蚂蚱 A：太好了，我们能飞啦，我们能飞啦！

淘淘：伙伴们，远处有更鲜美的草在等着我们，我们一起飞吧！

蚂蚱 A、B：我们一起飞吧，飞向绿色的大草原！

（音乐响起，蚂蚱们一起向草原飞去）

作者简介 骆宇豪

我叫骆宇豪，今年上五年级，我是一个活泼、开朗、爱好广泛的男孩。英语是我的强项，游泳、篮球也都坚持了好几年。我还特别爱看书，喜欢研究动物，尤其是昆虫。别看昆虫个子不大，但它们千奇百怪的外表、迥然不同的生活习性等都让我着迷。小时候我蹲在草地上看蚂蚁搬家，一看就是一下午。长大了，我就开始看介绍昆虫的书、纪录片等，我知道了地球上已知的昆虫就有一百多万种，还有许多未知的神秘物种在等待我们去发现、去探索。我要好好学习，将来去开发那未知的昆虫世界！

教师点评

骆宇豪同学的自然科普小剧本“人物”形象鲜明，有自己突出的特点和个性，又在丰富的背景情境中展开情节，一幕幕联系紧密，可读性强。关于蚱蜢的外形、种类、习性等知识在对话中生动自然地介绍出来，让读者享受到了一场精神和视觉的科普盛宴。古灵精怪的小蚱蜢淘淘和博学多才的蚱蜢哥哥给人留下了深刻的印象，让人不禁想去它们生活的世界中走一走，看一看，更全面地了解它们。

——郭稳

小螳螂奇遇记

陈麓羽　鲁芊伊

旁白：这是一片普普通通的农田，种着绿油油的青菜。菜农每天早上都会来农田里锄地、拔草、捉虫，保证青菜可以健康茁壮地成长。伴随着温暖的阳光，一个小螳螂从它的卵鞘里钻了出来，睁开大大的眼睛观察着这广阔的天地。

小螳螂：哇！天好高啊。哇！菜好香啊。（看见一条小蚯蚓钻出地面）哇！你长得好奇怪呀……

小蚯蚓：你才奇怪呢，在我们蚯蚓的世界里，我是美丽的公主。你是谁？你也是偷吃青菜的坏家伙吗？

小螳螂：我也不知道我是谁，我才刚出生不久。你看，就是从那个卵鞘里出来的。我不吃青菜，我吃特别小特别小的虫子，你尝尝，可好吃了。

小蚯蚓：（尝了一口，然后捂着嘴）哎哟哟，这个美味我可享受不了。

旁白：这时，蚯蚓妈妈来了。

蚯蚓妈妈：傻女儿，我们蚯蚓吃的都是动物的粪便、土壤里的细菌、真菌以及这些物质的分解产物。所以，我们当然享受不了小虫子的美味啦！

小蚯蚓：嗯，妈妈，那我们也请它吃土壤里的小细菌吧。（面向小螳螂）这个农田里的土壤细菌都是我们的，你可以随便吃，不要客气！

蚯蚓妈妈：傻女儿，懂得分享是美德。但小螳螂是肉食性昆虫，现在他刚出生，这两天只需要吃妈妈留下的卵鞘就可以生存，不过卵鞘吃完了小螳螂就得自己去猎捕食物了，他可以消灭不少坏家伙呢！

小螳螂：蚯蚓妈妈好，我是叫螳螂吗？那您认识我的妈妈吗？我好想见见我的妈妈呀。

蚯蚓妈妈：小宝贝，你的妈妈在生你的时候就把能量消耗完了，她把自身所有的营养都放在包围你的卵鞘里。寒风凛冽，螳螂妈妈的爱之鞘可以让你安心地睡觉；害虫肆虐，螳螂妈妈的爱之鞘可以让你不受伤害。现在你刚出生，打不过那些坏家伙，但你可以吃些细小的蚜虫使自己茁壮成长。

小螳螂：那我的爸爸呢？

蚯蚓妈妈：小螳螂的爸爸可是个英雄，你的爸爸杀了很多害虫，保护了农田。为了孕育出新的小螳螂，在新婚之夜他把所有的能量都交给了你的妈妈。小螳螂，现在的你拥有妈妈无尽的爱和爸爸的英雄能量，你一定要好好努力，掌握更多的捕食本领去消灭那些破坏农田的坏家伙。所以，不要辜负爸爸妈妈对于你的期望呀！

小螳螂：哇！原来我的爸爸妈妈这么伟大啊！嗯，我一定不辜负他们对我的期望。蚯蚓妈妈，我对这里不熟悉，能让小蚯蚓带我到处看看吗？

蚯蚓妈妈：嗯，没问题。小蚯蚓，你带他到处逛逛，记得早点回家吃饭呀。

小蚯蚓：好的，妈妈。

旁白：于是小蚯蚓和小螳螂游走在农田里。走着走着，不远处看到了一个绿色“怪物”，体长大概有10厘米，前肢就像两把大刀，“大刀”上还有一排坚硬的锯齿，末端各有一个钩子在用力撕扯着蝗虫。

小蚯蚓：小螳螂小螳螂，你快看你快看，他好厉害啊！他在消灭坏家伙。简直帅呆了！咦，我怎么感觉他跟你有点像呢？

旁白：小螳螂心里默默嘀咕着，除了个头小点，颜色淡点，没有翅膀，其他相似度高达80%呢。于是小螳螂鼓足勇气靠近这个比他大一倍的“怪物”。

小螳螂：您……您……您好！您好厉害呀！请问您叫什么名字？

刀螂哥哥：刀螂！和你一样哦。

小螳螂：和我一样？我听蚯蚓妈妈说，我是螳螂，不是刀螂呀。

刀螂哥哥：小弟弟，螳螂也叫作刀螂。在古希腊，因为我们的前臂举起的样子像祈祷的少女，所以也叫祷告虫。我们螳螂家族在世界上种类可丰富了呢，大概有2000种。

小螳螂：(用崇拜的眼神看着他，继续追问)那……那为什么我没有翅膀、没有锯齿呢？

刀螂哥哥：不要着急哦！我们的一生中会经过卵—幼虫—成虫三个发育阶段，幼虫期脱皮7～11次才能变为成虫。所以小螳螂现在还是若虫宝宝，背部有翅芽，得等到以后才能长出起着飞翔作用的两对大翅哦。

小蚯蚓：那个时候小螳螂就可以消灭更多的坏家伙了吗？

刀螂哥哥：对呀。像小苍蝇，蛾蝶类的卵、裸露的蛹、成虫等，都是我们的猎捕物，甚至蝉、飞蝗等较大的昆虫，也是可以的哦。所以，小螳螂，在蜕皮过程中，要保护好自己，避免外界那些坏家伙的一切伤害。只有这样，你才能茁壮成长，更好地保护农田啊！

小螳螂：好的，刀螂哥哥，我一定保护好自己，快快长大，继承爸爸的英雄气魄，学习刀螂哥哥厉害的捕捉技术，一起和你们守护好这片农田。

小螳螂、小蚯蚓、刀螂：嗯，保护农田，虫虫有责！（大家手拉手笑了起来）

作者简介　陈麓羽　鲁芊伊

大家好！我叫陈麓羽，今年 10 岁，读小学五年级。我是一个热爱旅游和读书的女孩。行万里路，也要读万卷书，读书能使我学到丰富的知识。例如《法布尔昆虫记》，让我了解并喜欢上了昆虫。别看它们看起来渺小，但它们有许多非凡的本领，如蜜蜂基本不会迷失方向；蜻蜓、食蚜蝇会空中悬停转弯，比飞机还厉害；蚂蚁可以扛起比自己重很多的东西，等等。读书开阔了我的视野，也让我更热爱大自然。这就是我，一个独一无二的女孩，一个热爱旅游、热爱自然和热爱读书的女孩。

大家好，我是一个活泼可爱的小女孩，我叫鲁芊伊，今年 9 岁。我的梦想是当一名主持人。生活中我很喜欢观察，我最喜欢观察的就是昆虫啦！

我喜欢凶猛的螳螂、勤劳的小蜜蜂、爱战斗的红蚂蚁……所有昆虫中我最喜欢的就是螳螂，因为它的前臂举在胸前就像一位虔诚的祈祷者，因此人们也叫它祷告虫。不过螳螂也有它凶猛的一面，雌螳螂连自己的丈夫都可以吃掉！螳螂小的时候也是有天敌的，连一只小蚂蚁都可能吃掉螳螂的幼虫，所以它们出生后的第一任务就是顽强地活下来。

我太爱这些可爱又神秘的小昆虫啦！感谢法布尔社团让我认识它们，并且近距离地接触它们。

教师点评

庄子“天人合一”的思想充分体现了人与大自然的关系，大自然中的一切事物都给了我们人类很多启示，并推动了人类社会的进步。学生善于观察生活，能敏锐地捕捉生活中一个个有意义的瞬间。本文构思巧妙，作者将自己对大自然的理解都融入文字中，情节也颇具匠心，整个故事无论是思想性还是艺术性都是很高的，读后让人久久回味，用纯净的语言表达出丰富的内涵，既有趣又能增长知识。

——张文

独角仙的秘密

陈安　付子彧

（背景音乐响起）

旁白：在寂静的深林中，绿树成荫，生机勃勃。在这样一片茂林中，某棵参天大树下，肥沃的泥土中，藏着两只独角仙蛹。蛹室里，分别沉睡着一对独角仙姐弟。某天，在一个风和日丽的下午，独角仙弟弟从沉睡中苏醒了。

蛹室中漆黑一片，独角仙弟弟有些胆怯。

独角仙弟弟：这里怎么这么黑呀？(边说边冲破蛹室往泥土外钻去，不小心碰到了旁边姐姐的蛹室)咦？你是谁呀？

独角仙姐姐：(被吵醒，慢慢钻出蛹室)弟弟你不要这么大呼小叫好不好，都把我吵醒啦。我是你的姐姐呀！

独角仙弟弟：你是我姐姐吗？那你怎么和我颜色不一样呢？我是红褐色的，可你是黑色的。

独角仙姐姐：因为在咱们独角仙家族，我们每个人都是独一无二的个体，体色各有差异，从深红到红棕再到纯黑都有。有时候，同一只独角仙自身的头、胸和鞘翅颜色也会不同。你看，不远处那棵树上正在吸食树汁的表哥，他的身体就是红棕色的。

独角仙弟弟：哇，好神奇啊。哎，姐姐，我也饿了，我也想吃树汁。

独角仙姐姐：我们等傍晚太阳落山的时候再去吧，现在的阳光太强啦，都要把我们烤化了。况且现在这个时间，正好是乌鸦、貂、野猪这些家伙出来觅食的时间，这些家伙可是咱们的死对头，咱们可不能像表哥似的那么贪吃，万一变成人家的晚餐就糟糕啦！

独角仙弟弟：好的，我听姐姐的！

旁白：独角仙弟弟一边在树下和姐姐一起乘凉休息，一边东瞧瞧西看看，对这个广阔无垠的世界充满了好奇。不一会儿，他的目光就被一个略微鼓鼓的泥土堆吸引了。随即，他慢慢朝泥土堆爬了过去。

独角仙弟弟：(扒开薄薄的泥土堆)姐姐！姐姐！你快来看呀！这里有一个白色的、椭圆形的蛋！这到底是什么呀？

独角仙姐姐：(快速跑过来)嘿，弟弟，这个你可不要乱玩，这是咱们姐姐产的卵，这里面有一个咱们独角仙家族还没出生的小宝宝呢。

独角仙弟弟：(惊喜)哇，我和姐姐也是从这样一个小球球长成现在这样的吗？

独角仙姐姐：对啊。咱们可是用了近一年的时间才长大的呢。这个小宝宝以后也要用 9—12 个月的时间才能长成我们这样大哦。弟弟，你快来帮我，我们把卵重新埋到土里，可不能让它被鼹鼠、土蜂这些坏家伙发现，这些坏家伙专门抓小宝宝的卵吃呢。

独角仙弟弟：姐姐你就放心吧，从今天开始，我会保护好小宝宝的，不会让他被坏家伙吃掉。

旁白：从那天起，独角仙弟弟每天都守在土堆周围，还时不时拨开土堆，从缝隙中偷看发育中的卵室。

（十天后）

独角仙弟弟：（哭腔）呜呜呜，姐姐！姐姐！你快来看啊！小宝宝被一个又白又胖的大虫子吃掉了，呜呜呜。

独角仙姐姐：（匆忙赶来察看）哎呀，弟弟不要再哭了，小宝宝没有被吃掉，这个又白又胖的大虫子就是小宝宝啦。弟弟你把小宝宝保护得很好哦，他已经成功孵化了呢。

独角仙弟弟：真的吗？

独角仙姐姐：当然是真的，以后啊，小宝宝会用 1 个月的时间蜕皮成为二龄幼虫，再过 1 个月左右再次蜕皮成为三龄幼虫，之后小宝宝会在沉睡 3—6 个月之后结蛹，然后再过 3 周左右就可以完全长大了。其实不只是小宝宝，包括你我在内的整个独角仙家族，都是这样长大的哦。

独角仙弟弟：哇，好神奇哦。我好期待小宝宝长大后的样子呀。

旁白：这天晚上，独角仙弟弟做了一个梦，他梦见独角仙小宝宝破蛹而出，通体黝黑，高大威武，月光透过窗子照进来，小宝宝光洁的皮肤在月光下闪闪发亮，发达的犄角在月光的照耀下显得威风凛凛。

作者简介 陈安 付子彧

我叫陈安，我来自芳草地国际学校万和城实验小学五年级(1)班。我是一个活泼又居家的巨蟹座小女孩，喜欢看书，也喜欢画画。

通过读法布尔的《昆虫记》，我开始喜欢昆虫了。我以前害怕毛毛虫，但是看了书之后，我发现蝴蝶是毛毛虫变成的，所以就喜欢上了毛毛虫。

书上说，蝴蝶幼虫吃十字花科植物。它们是卵的时候害怕赤眼卵寄生蜂。一个星期后它们从卵里孵化出来了。之后它们会吃掉自己的卵壳。它们身上有16只脚，每隔一段时间它们还需要蜕掉外皮。在它们还是幼虫时害怕小茧蜂。它们的蛹在树干上是棕色的，而在叶子上是绿色的。这就是它们的保护色。

以前我经常和妈妈一起在小区里看蝴蝶，却从来没见过蝴蝶幼虫呢。而且如果你不仔细看，它们就像和花融为一体了。每当看到蝴蝶飞在花丛中，我总会感到无穷无尽的乐趣。

我叫付子彧，今年9岁，是个昆虫迷，地上爬的、空中飞的、水里游的，无一不是我的观察对象。

我喜欢看纪录片，尤其是关于动物的，比如《蟒蛇猎人》《自然密码》《虫皇帝》《昆虫生死斗》等。每次看这类片子，我都特别兴奋。我会用画笔画下观察的昆虫，有时候甚至会将乐高积木组装成昆虫对战的场景。

由于对昆虫无比喜爱，我在三年级的时候，有幸加入了学校的法布尔社团，在那里老师鼓励、指导我们更专业地观察和研究昆虫，我开始尝试通过饲养来研究昆虫的一生。

在众多的昆虫中，我最喜欢独角仙。初见的时候，它们又瘦又小，为了帮它们尽快长大，我把它们放在含有厚厚的腐殖土和很多菌块的饲养盒里，它们一拱一拱的，很快钻了进去。渐渐地，它们长得白胖白胖的很可爱。过了两个多月，它们的身体慢慢变黄，再后来它们在土里拱来拱去，拱成椭圆形的蛹室，身体也变成金黄色，有了独角仙的雏形。到七月的时候，我扒开腐殖土，看到梦寐以求的独角仙成虫，雄虫头部前方有鹿角状的长角，漂亮极了。看着它们，我心中升起满满的幸福感，之前的努力没有白费。

今后，我要读更多的书，当一名昆虫学家，观察、研究更多有趣的昆虫，领略生命的奇迹。

教师点评

陈安、付子彧两位同学通过稚嫩的语言、简单的表述，生动形象地向读者阐述了独角仙这一昆虫的习性和特点。透过文字，我们不难发现学生对于科学、对于昆虫世界的浓厚兴趣和自主探究，他们以创作剧本、演绎剧本的形式对昆虫世界进行科学探索，自己去辨析，自己去历练，从而获得正确的知识和学习能力。学生将科普、演绎、写作高效地结合起来，这样不仅激发了学生本身的兴趣，同时还提高了学生语言运用的能力和对其他同学进行科普宣传的意识，真正落实了语文、科学等多学科的综合教学，发展了学生的探究精神。

——孙文静

白蚁世界

彭丽蓉

旁白：在这鸟语花香、绿树成荫的森林里，住着一群活泼、可爱、聪明、勇敢的小家伙们，它们就是白蚁。

白蚁甲：兄弟们，我们已经走了18个小时了，却一粒米都没有找到，不如我们今天就忍一忍，绝食吧！你们都同意吗？

白蚁们：“同意！”“不同意！”

白蚁乙：你们知道吗？说同意的人都是不敢吃苦的人！都是一群胆小鬼！

白蚁甲：你不能这样侮辱他们，我刚刚数了数我们的人数，一共有386个成员，其中有200个成员都同意，少数服从多数！

白蚁乙：不对，应该是多数服从少数！

白蚁甲：少数服从多数！

白蚁乙：多数服从少数！

……

旁白：就这样，它们足足吵了半个小时，这时，躺在旁边的一只大食蚁兽被吵醒了。

食蚁兽：是谁呀？为什么这么吵？（向白蚁的方向望去）呀！原来是我的美食呀！（舔了一下嘴唇）

旁白：就在食蚁兽马上要吃一只工蚁时，白蚁甲发现了他。

白蚁甲：不好不好，我的同伴有危险，我得救救他！

旁白：白蚁甲灵机一动，走到食蚁兽的面前。

白蚁甲：你知道吗？我们可是唯一一种能让你感到害怕的蚂蚁(做出一本正经的表情)。

食蚁兽：怎么可能？我不信，告诉我你为什么这样说。

白蚁甲：没问题。有一次，我的朋友被一只食蚁兽吃了，第二天食蚁兽就死了。我们对这具尸体进行了研究，所有的理论都证明那只食蚁兽是被我们身上的细菌毒死的。

食蚁兽：(半信半疑)我怎么知道你说的是不是真的？

白蚁甲：这个好办。我们可以在明天这个时间，把那具尸体和我们的研究报告拿到这里给你看。

食蚁兽：好哇！对了，如果你是空手来的话，我就吃掉 200 只工蚁，你同意吗？

白蚁甲：一言为定！为了确保你的安全，请你告诉我，你怕什么动物，这样我就可以先跟他们说好，明天这个时间，他们不许在这里出没。

食蚁兽：(信以为真)小白蚁，我特别害怕蟒蛇和成群的行军蚁，请你一定转告他们，谢谢你。

白蚁甲：(暗自高兴)食蚁兽大哥，不用谢，您太客气了！

旁白：第二天，白蚁甲带着蟒蛇群和 2 万只行军蚁出现在约定的地点。

白蚁甲：食蚁兽，现在你该感到害怕了吧！

旁白：食蚁兽看到蟒蛇群和行军蚁们早已吓得浑身发抖。

食蚁兽：(边跑边喊)你这个骗子，我还会回来的。

白蚁甲：你要是不吃我们工蚁，并且不让我们感到害怕，就不会受到这么严重的惩罚！蟒蛇们，行军蚁们，为你们的大餐而进攻吧，冲啊！

旁白：几声惨叫声过后，只剩下了食蚁兽的骨头。

蟒蛇和行军蚁：谢谢你为我们准备的大餐，我们都很喜欢。

白蚁甲：这不算啥，不用谢，再见了，蟒蛇和行军蚁。

蟒蛇和行军蚁：再见，小白蚁。

作者简介 彭丽蓉

我是彭丽蓉，今年 10 岁。从小我就喜欢动物，尤其是昆虫，而昆虫界最让我着迷的是蚂蚁。一方面是因为蚂蚁比较容易找到，另一方面是因为蚂蚁是非常有意思的昆虫。

我从书中和电视中看到蚂蚁洞是一种非常神奇的建筑。蚂蚁们看似杂乱无章地进进出出，但实际上它们却是在建一个非常复杂的建筑，甚至连科学家们都看不懂。蚂蚁还是大力士，据说按照体重衡量的话，蚂蚁是动物界中最厉害的大力士。

绝大部分蚂蚁是益虫，是人类的好朋友，它们可以吃掉很多其他小动物的尸体，是我们的环卫工。在上幼儿园时，我还专门拿着苍蝇的尸体喂蚂蚁，小蚂蚁们很快就将苍蝇的尸体运进洞中当美餐了。

教师点评

在《白蚁世界》这个微话剧中，通过白蚁甲与食蚁兽的对话，将白蚁甲的聪慧勇敢和食蚁兽的愚不可及形成了鲜明的对比，故事富有童趣性。但微话剧的编排不仅仅要有趣，其最终的目的应是通过富于童趣

的表演让观众对白蚁世界有一个客观的认识，让观众借助“微话剧”这双眼睛去窥探白蚁的神奇世界，了解更多关于白蚁的知识。而这个剧本中所含有的关于白蚁的科学知识较少，如果能让观众透过这个话剧对白蚁世界有一个全面而直观的了解就更好了。

——曹静

点亮夏夜的小精灵

——萤火虫

段云惜

旁白：萤火虫妈妈在河边的草丛里产卵，这里水质干净，温暖湿润。经过两个星期的孵化，萤火虫妈妈迎来了它的宝贝女儿萤小惜，还是幼虫的萤小惜特别想去探索外面五彩缤纷的世界。

萤小惜：妈妈，我要到外面去看看。好美的夜空啊，我怎么不会飞呢？

萤妈妈：傻孩子，你现在还是幼虫啊，不能着急，要经过 6—9 个月你才能飞呢，要耐心等待哦！

萤小惜：（犯愁）漫长的幼虫时期该怎么度过呢？

萤妈妈：别苦恼，小惜，即使没有妈妈在身边，还会有很多同伴陪着你的。外面的世界很大，你要注意安全哦！特别是要躲避蜘蛛，还有那些寄生虫。关键时刻可以使用你的秘密武器，那就是你针头一样的嘴巴。

萤小惜：嗯，妈妈，我记住了，您放心吧，我会顽强生存下去的！

旁白：漫长的幼虫时期并不像小惜想的那样难熬，每天都会有很多新奇又惊险的事情发生。有一天夜晚，萤小惜外出捕食。凭借着自身发出的幽绿的萤光，她隐约看到了一只大蜗牛在菜地里搞破坏。

萤小惜：可恶的大蜗牛，你又来蚕食农作物，看我怎么收拾你！

大蜗牛：烦人的萤火虫，快点离开这里，不要破坏我的月光晚餐。

萤小惜：我有秘密武器，快快投降吧，贪吃的大蜗牛！

旁白：萤小惜将她那针头一样的嘴巴扎在蜗牛软软的肉里，蜗牛就像打了麻醉针一样迷迷糊糊地失去了知觉，动弹不得了。

萤小惜：狂妄自大的大蜗牛，这可是给你注射的消化液，一会儿我就可以享用你鲜美的肉汁啦。

旁白：萤小惜并未独享美味，她大声地呼唤着附近的小伙伴前来享受大餐。一群萤火虫的幼虫兴高采烈地围在蜗牛四周，不仅美美地饱餐了一顿，还帮助农民伯伯除了害，别提多开心了！萤萤绿光点亮了夏天的夜空，不经意间，他们的幼虫时期就要过去了。经过 5—7 次蜕皮，萤小惜和她的伙伴们变成了蛹，熬过一两个星期的静止不动，他们逐渐由幼虫的形态羽化为成虫。

萤小惜：我终于可以自由飞翔啦！

旁白：她开始在夜空中翩翩起舞，一边飞舞一边发出短暂的闪光，那样子真像一个萤光流动的小精灵。她的光芒也为她找到了亲密的伴侣——萤小云。小云可是萤火虫界最博学多才的小伙子啊！

萤小惜：小云，我怎么感觉最近我们的同伴越来越少啊？

萤小云：是啊，因为我们散发出的点点萤光深受人类的喜爱，好多同伴都被捉去营造人类大型庆典活动的浪漫气氛去了，你可一定要保护好自己啊！

萤小惜：我只知道古代的读书人因为家里太穷，用我们的光寒窗苦读，没想到现在却变成了这样。

萤小云：对啊，我们萤火虫产生的能量有 90%以上是光能，对矿井作业、水下作业照明都有很大的作用呢！

萤小惜：啊？矿井里？我可知道矿井里有瓦斯，达到一定浓度，遇到一定热量就会爆炸呢！咱们作为发光体，会不会有引爆的危险啊？

萤小云：哎呀，没发现呀，小惜最近还爱思考了呢。

萤小惜：哼，我也是爱学习的，你快给我讲讲，别卖关子了。

萤小云：好啦好啦，告诉你，呵呵，咱们萤火虫发出的光是冷光，不会产生热量的，通过研究我们发出的光而生产出来的灯泡，同样功率下不但要比普通灯泡亮得多，而且还不会发热，所以很安全啊！

萤小惜：哦，原来这样啊，没想到我们小小的身体里还有这么大的能量呢！

萤小云：对啊，但是我们的同伴现在却越来越少了……也很少有人关注我们了……

萤小惜：要不我们就找个同伴多的地方住下来吧。

萤小云：我们虽然看似毫不起眼，但是对生活质量却很注重呢，我们只喜欢植被茂盛、水质干净、空气清新的自然环境，一旦植被被破坏，水质被污染，空气变污浊，我们就要消失得无影无踪了……

萤小惜：哎，真希望这样好的地方能越来越多，而不是越来越少，我们也想在这样的地方好好生活下去呢！

萤小云：别难过，《环境保护法》中说啦，严禁通过暗管、渗井、渗坑、灌注等方式往河道、湖泊中排放污染物，我们的生活环境一定会得到很大改善的。

萤小惜：太好啦！那样我们就可以在水质干净的河边繁衍后代了！而且夏天的晚上我们能和伙伴们一起成群结队地飞舞在夜空，就像流动的银河，多漂亮啊！

萤小云：嗯，一定会的！人类越来越重视保护环境，相信我们的生活会越来越好的……

作者简介 段云惜

我是芳草地国际学校万和城实验小学二年级(2)班的段云惜。别看我是个小女孩，我可有着男孩般的性格，喜欢户外活动，特别是探索自然。

每次国家动物博物馆有活动，我都会第一时间报名，候鸟迁徙啊，金钱豹的现状啊，我都感兴趣。上个月我还报名参加了夜宿博物馆活动，别提多兴奋了！这学期，语文课上我们读了法布尔的《昆虫记》，我爱不释手，各种各样的小昆虫在法布尔的细致观察和生动描写中活灵活现。

一次偶然的机会，我在电视上看到新西兰的萤火虫洞的介绍，就对会发光的萤火虫产生了兴趣。在爸爸妈妈的帮助下，我查阅了很多关于这个小精灵的资料。萤火虫是光的使者，我愿意做它的代言人，让更多喜欢小昆虫的同学们了解这群点亮夏夜的小精灵。

教师点评

段云惜同学是个有爱心、有耐心、有观察力的同学。她善于观察生活，善于从自然现象和各种媒介中获取知识，并把自己的发现与老师、同学交流。小甲虫、小蜗牛、毛毛虫都是她上学、放学路上关注的对象。为了观察小蜗牛触角的灵敏性，她可以聚精会神地在树下蹲好久，那份专注值得表扬。喜爱小动物是孩子们的天性，段云惜同学不仅喜欢小动物，还能主动思考，和父母一起查阅资料，解答自己心中的疑问，从而发现其中的乐趣。在这个过程中，会发光的萤火虫吸引了这个热爱小昆虫的小姑娘，她塑造了萤小惜这

个可爱又善于求知的角色，借助对话展开科普剧本。作品《点亮夏夜的小精灵——萤火虫》就是用小话剧的形式，向我们展现了萤火虫所要经历的“卵—幼虫—蛹—成虫”这样一个变化的过程。剧本中还涉及萤火虫的生活习性、有关萤火虫的成语故事、萤光的实际应用，以及萤火虫对良好自然环境的一种渴求，普及了《环境保护法》的相关知识，并借用萤火虫的形象展现了孩子们对山清水秀的大自然和美好生活的向往。这个剧本可谓内容丰富多彩，既有科学知识贯穿始终，又极具文学感染力，可读性强，观看之余还能让人们有所深思。希望她的小剧本能带动更多的同学爱科学、爱探索，做小昆虫的好朋友。

——张东苹

委屈的七星瓢虫

周恩俊

旁白：春天来啦，春天来啦，这是一个大地回春、万物复苏的季节。百花争艳，小草发芽，小燕子也飞回来搭窝了，我们的主人公七星瓢虫也悄悄地睁开了眼，欣赏着美丽的景色，享受着温暖的阳光。

[第一幕]

俊小七：哥哥，快醒醒，天气可真暖和，好舒服呀！

宸小七：是呀！弟弟，睡了一个冬天，我们也该出去活动活动了。

俊小七：那我们快走吧，我肚子好饿呀！

宸小七：哇！弟弟你快看，这些农作物的叶子上有好多我们喜欢吃的蚜虫啊!

俊小七：是呀是呀，这些农作物已经被坏蚜虫破坏得伤痕累累了。

宸小七：弟弟，你看，这些农作物病得很重，我们去把蚜虫吃掉给它们治病吧。

俊小七：好啊，那我们现在就去把蚜虫吃掉。

（俊小七和宸小七兄弟二人吃蚜虫）

俊小七：哥哥，我今天吃了 120 只蚜虫呢，好饱呀，真是太开心了。

宸小七：嗯，俊小七真棒，我吃了 130 只呢。

俊小七：哥哥，通过我们的努力，农作物都能健健康康地生长，难怪人类都叫我们“活农药”呢，真是太有成就感了!

宸小七：弟弟小心!

俊小七：啊，是蝗虫淘!

宸小七：快用哥哥教你的方法，把脚收缩在肚子底下，躺下装死。

俊小七：好的，哥哥，你也要小心呀!

宸小七：放心吧，我已经放出了超级难闻的“化学武器”，蝗虫淘很快就会受不了的。

（一会儿）

俊小七：太棒了太棒了，蝗虫淘逃走了。

宸小七：弟弟，快睡觉吧，明天我们还要继续捉蚜虫呢。

俊小七：好的哥哥，晚安!

［第二幕］

悠十一：这里的叶子真新鲜呀，真是美味佳肴，我终于又能填饱肚子啦，哈哈哈!

昆虫甲：是谁在那儿?

悠十一：啊……我是俊小七!（狡猾地笑）

旁白：第二天早晨，绿色植物的叶子被吃得只剩下了叶脉。

俊小七：哥哥你看，这些植物怎么都枯萎了？

昆虫甲：俊小七，还不都是你搞的破坏！我现在就去告诉昆虫大法官，把你抓到昆虫监狱去，哼！

俊小七：（默默地流着泪）不是我干的，不是我干的，我没有做伤害植物的事情。

昆虫甲：昨天夜里，我听见有人在叶子上，我问是谁，那人说是俊小七，难道不是你吗？植物的叶子就是你吃的，植物的枯萎就是你干的！等着大法官来判你的罪吧！

悠十一：嘿嘿……（露出邪恶的笑脸，飞走了）

俊小七：呜呜呜……

［第三幕］

（昆虫大法官领着戴着手铐的悠十一走了过来）

昆虫大法官：你们都误会俊小七了，其实七星瓢虫主要以蚜虫为食，他们是帮助植物健康生长的好帮手，是益虫。而十一星瓢虫是以植物的叶子为主要食物的，他们才是害虫。七星瓢虫和十一星瓢虫身体长得一模一样，只是一个背上是七颗星，一个背上是十一颗星。所以俊小七是被大家误会了，真正的凶手是昨天晚上吃掉植物叶子的悠十一。俊小七没有犯法，他是无罪的。至于悠十一，他冒充俊小七做了坏事，还欺骗大家，让大家误会俊小七，我们昆虫法院一定会严加惩治他！

昆虫甲：对不起，俊小七，是我误会你了。

俊小七：没关系，大家知道了我们七星瓢虫和十一星瓢虫之间的区别，以后就不会误会我们了。

昆虫大法官：植物乐园的公民们，当我们发现有人在破坏我们乐园的时候，能够挺身而出及时地制止，这是正确的，但是我们要从科学的角度出发，用科学的知识来证明，这样才不会冤枉一个好人，也绝不会放过一个坏人，让我们共同来维护美丽的家园吧。

旁白：(音乐响起)七星瓢虫兄弟俩、大法官和其他昆虫手拉着手，欢快地玩耍着！

作者简介 周恩俊

我是芳草地国际学校万和城实验小学二年级(2)班的周恩俊。我喜欢昆虫，更爱研究昆虫。一天，张老师给了我几只蚕宝宝，我兴奋极了，每天给它们清理小窝换桑叶，仔细观察它们从卵到幼虫再到蛹最后到成虫的过程，感叹蚕宝宝短暂的一生。我还养过小蚂蚁，每天看着它们不停地“打地道”。我爱看《昆虫记》《昆虫世界历险记》《爆笑虫子》，总之就是跟昆虫有关的我都喜欢。现在最爱看《酷虫学校》，它以漫画的形式生动描述了形形色色的昆虫的外表特征、生活习性，让我学到了很多昆虫的知识，大大增强了我的好奇心，同时我也从昆虫身上学到了很多东西。比如：松毛虫的团结一致、相互帮助，小被管虫的执着和深谋远虑，螳螂的冷静和机智，小蟋蟀的乐观精神，都是值得我们学习的。昆虫是我们的朋友，我爱大自然，更爱大自然里的小精灵们。

教师点评

周恩俊好奇心强，爱动脑筋，对事物的观察非常仔细。从了解昆虫的习性到善于发现昆虫有趣的事儿，他对昆虫也从喜欢到热爱。作品内容《委屈的七星瓢虫》应用小话剧的形式向观众介绍了瓢虫的习性、瓢虫的种类及如何区分。通过十一星瓢虫冒充七星瓢虫干坏事，告诉我们做了坏事还诬陷别人是不道德的行为，害人害己！

——张东苹

枯叶蝶的心声

于佳馨

旁白：春天来了，小鸟在欢唱，大大小小的昆虫也活跃起来，又是唱，又是跳。蟋蟀在开音乐会，蝴蝶挥舞着美丽的衣袖快乐地跳舞，到处生机勃勃，只有枯叶蝶默默地趴在树干上观察着周围的一切。

枯叶蝶小丽：我是一只小小的枯叶蝶，当一只枯叶蝶好不好呢？我的伙伴们都说，当一只枯叶蝶一点儿都不好。

枯叶蝶小明：当一只枯叶蝶一点儿也不好，我们既没有黄鹂鸟动听的歌声，也没有蝴蝶那样美丽的翅膀，人们都不喜欢我们。

枯叶蝶小美：为什么我们不是长得漂亮的蝴蝶呢？树上那些叽喳乱叫的小鸟，大家都喜欢，那些被人们称为“诗”的文章里，不是总在称赞他们的叫声为“动人的歌声”吗？每次看到小女孩们站在树下，望着小鸟的时候满眼的“喜欢”，我就委屈得想哭。

枯叶蝶小明：用人类的一句话来说，同样的一个事物，从不同的角度看，结果会完全不同，就像百灵鸟，他们在鸣叫的时候，也许不是在唱歌，而是在吵架。

枯叶蝶小丽：你们别难过，我觉得当一只枯叶蝶还真不错。我们可是历尽千险才变成一只枯叶蝶的。从我还是一枚卵的时候，是的，卵，跟小米粒差不多大的一枚卵，我就不断地受到小蜂的袭击，我的兄弟姐妹们有很多还没见到阳光就成了他们的食物。我，作为幸存者，变成了毛毛虫。所以，我们都是幸运儿，更应该珍惜生命。

枯叶蝶小明：是呀，我们活下来可真不容易，鸟儿们对于我们来说算是庞然大物，以我们为食，就连那些寄蝇、茧蜂、姬蜂，都跑到我们身上来寄生，所以当我们到破茧而出的时候，其实我们几乎已经是百不一存了。我们真是侥幸啊，居然能在层层“围追堵截”中活下来，我现在觉得，我们也挺了不起的！

枯叶蝶小美：我们也有快乐的时候，因为我们有一身的本领，当我们遇到危险时，会以一种无规律、错乱般的方式飞行，很快落入植物叶片之间，然后迅速将翅膀合拢，静止不动。我们的翅膀跟一片树叶一样大，颜色也跟一片干枯的树叶完全一样，而且翅膀上面的花纹长得跟树叶的叶脉毫无分别，连树叶上的瑕疵，比如被虫子咬的小孔、树叶生病长出来的霉斑，也都万分相像。有了这一身本领，只要我们在敌人面前一动不动，他们就认不出我们，只会觉得我们是一片枯叶，嘻嘻！

枯叶蝶小明：可是……可是我们这个本领，如果放在人类社会里，冒充别人的行为会被认为是骗子，要被抓去坐牢的。

枯叶蝶小丽：是啊是啊，幸亏我们不是人类。其实有我们这种本领的动物还有很多呢，变色龙比我们还要厉害呢！这是大自然赐予我们保护自己的本能，跟冒充别人的坏人是不一样的。人类还受到我们的启发，有很多发明呢。比如士兵们的迷彩服，也是模拟环境的颜色，这样就不容易被敌人发现了。

枯叶蝶小明、枯叶蝶小美：没错没错，我们可不是坏人！

枯叶蝶小明、枯叶蝶小丽、枯叶蝶小美：当一只枯叶蝶也很有意思！小朋友们，检验你们眼力的时间到了，（飞进丛林）你们能找到我们吗？

作者简介 于佳馨

我是芳草地国际学校万和城实验小学二年级(1)班的于佳馨。我喜欢看书，爸爸妈妈也乐于“纵容”我看书的习惯，所以我家里有满满两大柜子的书。

在这所有的书里，有两套是我最喜欢的，一套叫作《酷虫学校》，另一套叫作《昆虫记》。喜欢它们的原因，是因为我特别喜欢昆虫。

夏天的晚上，跟爸爸妈妈到公园里遛弯，我会专门跑到路灯下去观察各种各样的小虫子，看蟋蟀直愣愣地横冲直撞，看甲壳虫披着厚厚的铠甲在地上爬，看成群的蚂蚁在辛勤地把我撒给它们的饼干屑搬回家，看萤火虫三三两两地在灯下编织出美丽的光环。

妈妈曾经给我说过我的一件糗事，三岁多的时候，我去花丛里看蜜蜂，被蜇到了，哇哇大哭，还没等妈妈跑过来安慰我，我却被一只飞过的蝴蝶吸引，蹦蹦跳跳地又去捉蝴蝶了。看来对昆虫的喜爱，已经达到了可以让我忘记疼痛的程度。

枯叶蝶是我最喜欢的昆虫，它们一生要经过四个阶段，每个阶段都有天敌，而它们却几乎没有丝毫的反抗能力。我经常在想，它们会不会因此感到伤心？所以才有了这篇作文——枯叶蝶的心声。

几乎所有的小女孩都会喜欢小狗小猫，像我这样喜欢小虫子的恐怕不多吧？

教师点评

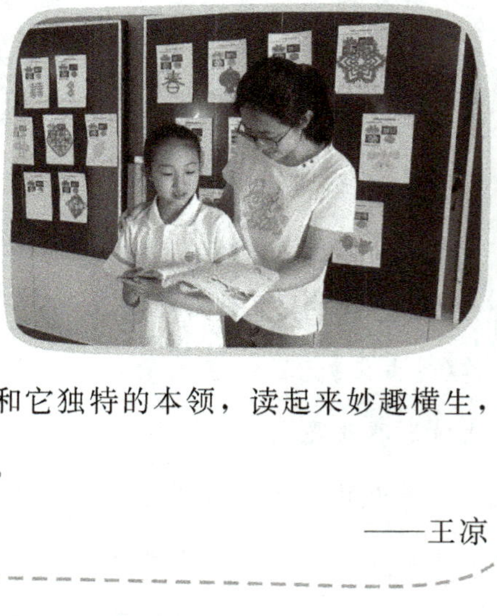

兴趣是最好的老师，看似平凡的大自然，实际上有着无穷的奥秘等着我们去探索。于佳馨同学热爱大自然，善于观察，喜爱读书，感受到了探索昆虫的乐趣，从而引发了她对昆虫的热爱和研究的兴趣。作品《枯叶蝶的心声》，用轻松愉快的语言向我们道出了枯叶蝶的心声和它独特的本领，读起来妙趣横生，让我们在不知不觉中走进了枯叶蝶的世界。

——王凉

好斗的蟋蟀

高嘉浩

旁白：美丽的花园里住着许多可爱的小昆虫。大部分小昆虫们每天都忙忙碌碌地做着自己的事情，只有两只小蟋蟀是天生的小冤家，争斗了多时，谁也不服谁。

蟋小猛：该吃晚餐了，看看外面有什么好吃的，希望不要碰到那个霸道讨厌的家伙！

蟀小霸：满天的星星！今天是个好天气，出来溜达溜达。

蟋小猛：花园东边有许多好吃的，我去那边看看。

蟀小霸：瞧瞧这是谁呀？我的手下败将——蟋小猛！谁允许你来这儿的？

蟋小猛：我想来就来，用得着谁允许吗？

蟀小霸：这是我的地盘！给我滚远点！

蟋小猛：哈！你的地盘？哪儿写着呢？你叫它它答应吗？走开！别耽误我的晚餐！

蟀小霸：嘿，你这小子！别敬酒不吃吃罚酒啊！我的地盘我做主，是不是想让我把你的两条大腿都掐断？

蚁小妹：哎呀，你俩怎么又吵起来了？别吵了，这么大个花园，你俩非跟这儿较什么劲哪？再说花园是大家的，大家都住在这里，和平共处不好吗？

蟀小霸：有你什么事啊？该干吗干吗去，别在这儿添乱！

蚁小妹：你怎么这么霸道？我也是好意呀！

蟀小霸：用不着你多管闲事！再不走连你一起打！

蚁小妹：哼！好心当成驴肝肺。我找螳大叔去。

蟀小霸：蟋小猛，要滚、要打，你选！

蟋小猛：你以为我怕你吗？打就打！来吧！

（两只小蟋蟀竖起翅膀示威，头对头摇动触须，剑拔弩张）

蟀小霸：（冲上前去飞脚使劲儿一踢）吃我一脚！

蟋小猛：（往右一闪躲开飞脚，张开大牙转身冲向蟀小霸）看我的厉害！

蟀小霸：（猛地往后一撤，险些被咬断前腿）你还来劲了！看我怎么把你大卸八块！

蟋小猛：哼！谁卸谁还不一定呢，让你尝尝我的厉害！（猛地冲上前去和蟀小霸扭打在一起）

螳大叔：住手！都别打了！

（两只扭打成一团的小蟋蟀瞬间停了下来，只见地上一片狼藉，蟋小猛的一条大腿、蟀小霸的一片翅膀掉落在地……）

螳大叔：你俩能不能消停会儿？见面不打架难受是吗？

蟋小猛：是他要打架的！我就是出来找吃的，他不让我过去，非要跟我打架！

蟀小霸：满世界吃的，为什么要到我的地盘来找？这是成心要跟我抢地盘！

蟋小猛：明明是你……

螳大叔：好了好了，别吵了！我都听蚁小妹说了。蟋小猛如果到你家里去抢吃的，那是他犯法，他侵犯了你的私人领地。但他只是路过你家门口要去别的地方找吃的，并没有侵犯你的领地啊！

蟀小霸：我家门口就是我的地盘，没有我的允许，他凭什么从这儿走？

螳大叔：你家附近的公共区域不是你私人的，是大家的，大家谁都可以正常通过，你没有权力阻止。你再这样横行霸道，是要受到昆虫法庭制裁的！

蚁小妹：就是！不能不讲理！

蟀小霸：可是……

螳大叔：好了，别可是了。花园是大家的，这里是我们共同的家。我们和平共处、互相帮助，这是多么美好的事啊！你俩以后别再打了，共同守护好我们的家园，多好！

蟋小猛：我们和解吧！咱俩以后互不侵犯，我也不在你家附近找吃的了，以免影响你。

蟀小霸：呃……好吧，今天是我不对，以后咱俩不打架了。

蚁小妹：（鼓掌）真好！真好！

螳大叔：这就对了！今晚花园中心举办昆虫音乐会，走吧，咱们别晚了！

蟋小猛：我还没吃饭呢……

蚁小妹：吃吃吃，就知道吃！音乐会上有吃的，快点吧！

蟋小猛：哦哦……来了……等等我……

作者简介 高嘉浩

我是芳草地国际学校万和城实验小学三年级(1)班的高嘉浩。

我喜欢小动物，尤其喜欢小昆虫。从小我就喜欢听爸爸妈妈讲他们小时候与昆虫的故事：草丛里逮蚂蚱，夏天的傍晚看知了蜕皮、捉萤火虫，下雨前看蚂蚁搬家……最有意思的就要属“斗蟋蟀”了！

记得小时候我家邻居是一个喜欢养蟋蟀的爷爷。一次，妈妈带我去他家看斗蟋蟀，那可真是一场激烈的战斗！看得我心惊肉跳，紧张得手心直冒汗。

地球上昆虫的种类千千万。每次妈妈带我到一个新的地方去旅游，我都喜欢去了解和观察当地特有的昆虫。千姿百态的昆虫形态和千奇百怪的昆虫特点深深地吸引着我。有时我甚至会幻想自己是某一种昆虫，具备超常的技能，快乐地生活在昆虫的世界里，哈哈！

妈妈说，由于我们生活环境的变化，现在城市里某些种类的昆虫已经越来越少了，真心希望大家能够尽力保护自然环境，让昆虫们能有更多的栖息地。

教师点评

活泼可爱的高嘉浩从小就表现出对昆虫浓厚的兴趣，爱听关于昆虫的故事，爱看关于昆虫的书籍。本篇《好斗的蟋蟀》源于他生活中的所见所闻。通过查阅相关书籍，高嘉浩了解了蟋蟀的生活习性；结合我们现实生活的相关法律常识，从孩子的视角，以生动幽默的表达方式完成了本剧的创作。寓教于乐，相信观剧的小朋友会在欢声笑语中丰富自己的课外知识。

——张文

蜣螂兄弟的第一课

李奥辰

旁白：在非洲大草原上，一只蜣螂妈妈找到了一堆新鲜可口、营养丰富的大象粪便，就尽自己最大的能力，把粪便卷成几个球，推到地下的窝里，美美地等待着孩子们的降生。好了，差不多了，该产卵了……一个个乌黑的小卵喷薄而出。产卵完毕，蜣螂妈妈也拍拍屁股走了……一晃十天过去了，一个个幼虫尽情地享用它们的午餐。

蜣事通：Hello！请问你是何方神圣？

螂小亥：我是你的兄弟，妈妈把我们几个都产在附近了。

蜣事通：没错，我们的妈妈叫蜣螂，俗称屎壳郎，她给我们找到了天然的食物，那就是——大象粪便。

螂小亥：有点恶心！不过也是，大象粪便含有很多我们需要的营养和水分。哎，可真无聊啊，什么时候才能到外面的世界看一看啊？

蜣事通：不要着急，我们现在还是幼虫，必须变为成虫后才能出去，在此期间，有很长的时间供我们成长。

螂小亥：你知道吗，我们蜣螂对大自然有很大的贡献呢，比如当我们找到大象粪便时，会将其一部分埋于地下，这样，即使那里只有贫瘠的黄土，几年后也会变得肥沃。

蜣事通：还有还有，我们吃掉了粪便，就可以减少排放温室气体，听美国的兄弟姐妹们说，他们每年还为美国的养牛业节省 3.8 亿美元的粪便清理费用呢。

螂小亥：我困了，先睡了！

（几个月后）

螂小亥：看看你，蜣事通，几个月内竟然变得这么胖，最近一定没少吃吧？要注意身材哦！

蜣事通：你怎么这么没有常识啊，我们屎壳郎就是要成长的啊，我们虽然不蜕皮，但也会变大，你赶紧去镜子里照一下你自己吧！

螂小亥：哦，对了，我最近在一本书上学到了很多知识。你知道吗？除了南极洲，其他任何大陆上都有我们的伙伴，比如埃及的圣甲虫，还有世界上最大的巨蜣螂；人类还给了我们一个光荣称号——“大自然清道夫”。

蜣事通：是的，不仅我们为环境做出了贡献，人类也为保护和改善环境、防治污染而推行了《环境保护法》。听中国的同伴说，人类还为我们建立了保护区呢！

（又过去了几个月，两个好兄弟已经化为蛹了）

蜣事通：再过大概 20 天，我们就可以去外面的世界冒险了，真是迫不及待啊！

螂小亥：让我们一起等待吧！

（二十天后）

蜣事通：我觉得差不多了，咦，我的蛹破了个小口子，让我努力挣扎出来吧！

螂小亥：我出来了，就等你了！

蜣事通：我也好了。呦！兄弟姐妹们都出来了！

蜜獾：嘿嘿嘿，亲爱的蜣螂们，我可真爱你们，我刚刚吃了蜂蜜，现在又想来点儿餐后甜点。

蜣事通：快跑！

蜜獾：没用，我的速度可比你们快，我抓一个是一个，抓两个是一双。

螂小亥：快躲到岩石缝里！

旁白：这时，只剩下他们俩了，幸好蜜獾累了，回到了自己的地洞里。

蜣事通：我们刚出来，大自然就给我们上了一课，那就是要保护好自己，远离危险。

螂小亥、蜣事通：妈妈，我们终于学会独立生存了！

作者简介 李奥辰

我是芳草地国际学校万和城实验小学四年级(2)班的李奥辰。小时候，我会给蚂蚁喂面包，会观察蚂蚱的跳跃……记得有一次，我在等公交车时，突然看见一只小蜜蜂在旁边的花丛中采蜜，便目不转睛地盯着它，尖锐的刺、黄黑相间的身体、黑溜溜的眼睛，它在花丛中是那么显眼、那么美丽，把我深深地迷住了，以至于公交车来了也没注意到。

我喜欢昆虫。点点萤光的萤火虫点缀了黑夜；五彩缤纷的蝴蝶装点了大自然；清道夫一样的蜣螂净化了草原……

长大后，我要为昆虫开一家餐厅，使昆虫们不再被饥饿困扰；我要盖一间旅馆，使昆虫可以休憩；我要建一所医院，医治受伤的昆虫。

教师点评

李奥辰是一个阳光、积极向上的男孩。爱动脑、善思考、喜观察，总有自己独特的想法。他编写的小剧本《蜣螂兄弟的第一课》，通过小蜣螂之间诙谐幽默的对话，向大家介绍了蜣螂的成长过程以及它们对环境做出的贡献，语言生动有趣的同时，也蕴含了许多科学知识。相信大家读完这个有趣的剧本也会收获满满。

——高爱爱

犯罪的锹甲

吕家萱

旁白：昆虫王国的法庭上，一场案件的审判正在进行着。

蝎子法官：开庭，今天要审理的是锹甲的伤人案件。下面，请原告蝈蝈讲述案件过程。

蝈蝈：我的腿被锹甲的大牙夹破了。

锹甲：我不是故意的，是你不对在先……

蝎子法官：锹甲，先不要打断蝈蝈说话。蝈蝈，你把事情从头到尾地说一遍。

蝈蝈：我们在昆虫王国的学校里上课，螳螂老师正在给我们讲人类要抓我们的时候该怎么办，由于这一点妈妈早就告诉过我要快快逃跑，我就下意识地跳了起来，想演示给老师看。可我的腿太长了，一不小心就踹到了锹甲，他就把我的腿夹伤了。

蝎子法官：（转过头来）蝈蝈刚才说的是事实吗？

锹甲：法官，是的。

蝎子法官：蝈蝈不是故意踹你的，你怎么能夹伤他呢？

锹甲：我正在听课，也在想老师说的人类要是抓我们怎么办。其实人类就是仰仗着比我们大，要是我们的体形和他们一样大，人类肯定打不过我们的。哦，正在我这样想的时候，眼前突然一黑，头也发蒙，后来才反应过来是蝈蝈突然间跳起来，它的大长腿猛地踹我头上了。我就问他干吗踹我，蝈蝈说踹你怎么了，老师讲得好玩，我开心了，跳了一下，谁让你挨我这么近。他还说他腿长，我腿短。我生气了，就夹了他一下。都怪他，他踹我了不道歉，还说我。

蝎子法官：好了，案情我们都清楚了，昆虫公民们，大家怎么看这件事情呢？

旁白：法庭上一阵乱糟糟的低语声。蝎子大法官缓缓地用巨大的钳子在桌子上一敲，法庭上又安静了下来。

蝎子法官：现在宣判，小锹甲犯有故意伤害罪。因为年纪尚小，不用接受刑事处罚，但是锹甲爸爸要向蝈蝈家赔偿胡萝卜三根、黄瓜三根、青菜一棵……

锹甲：不公平，不公平，他先踹我的，他不赔礼道歉，还挖苦我，我才夹他的腿，为什么判我不对呢！

蝎子法官：小朋友，蝈蝈做错了事情，他应该给你赔礼道歉的，他没有这么做，道德上他做错了。你可以告诉老师，告诉家长，或者通过法律的方法寻求警察的帮助。蝈蝈无故踢了你，是他的不对，但是这可以正常解决。而你呢，仰仗自己力大无穷，伤害了他人，你这不是道德问题了，这是犯罪。我们的世界是有秩序的，不是谁的身体好，谁的拳头硬，谁就是对的。我们有我们的法则，如果都按照你的想法，马路上谁踩了谁的脚，就要打出人命来，那我们昆虫王国不就灭亡了吗？想想你不喜欢的人类，他们不就是因为拥有强大的身体而肆意妄为吗？你的过激行为导致了小蝈蝈身体受到伤害，你要对你的行为负责。虽然你的年龄使你免受刑事处罚，但是你的爸爸妈妈要替你进行赔偿。

（锹甲愣在原地不说话了）

蝎子法官：除了上述赔偿外，小锹甲要接受一个星期的法律教育。我们的世界是有法律的世界，任何人都不能仗着力量大就为所欲为。

作者简介 吕家萱

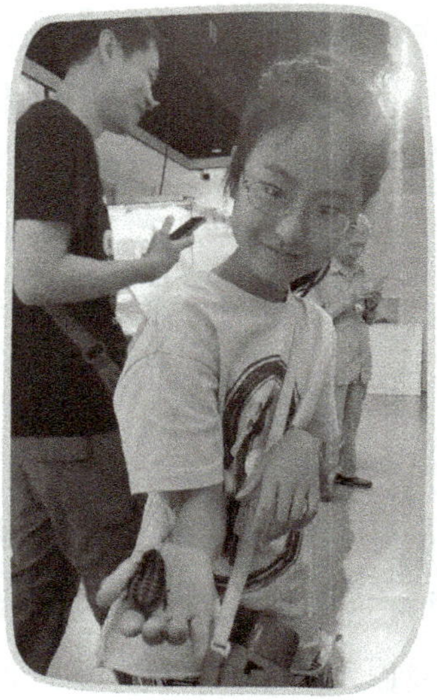

我叫吕家萱，是芳草地国际学校万和城实验小学四年级(3)班的一名学生，也是我们学校法布尔社团的成员。

大家可能会觉得女孩子天生胆小，会害怕虫子。我则不然，我喜欢昆虫。昆虫是十分神奇的动物，很多昆虫拥有不可思议的技能。我始终觉得，如果昆虫的体型和人类一样，那么统治地球的可能就是昆虫了。

大自然是神奇的，大自然更创造出了各种各样的神奇的生命，而昆虫绝对是其中的翘楚。

通过在法布尔社团的学习和体验，我有更多的机会去了解昆虫，了解大自然。

教师点评

《犯罪的锹甲》这个微剧本中，小作者构思巧妙，语言生动活泼，给我们叙述了昆虫王国的法庭上蝎子法官审理锹甲伤害蝈蝈的事件。故事叙述完整具体，以轻松愉快的语气向我们娓娓道来。小故事中蕴含大道理，令人回味无穷。

——秦中泽

第二章
走进博物馆

走进顺义七彩蝶园

沈　红

2016 年 3 月 27 日　　晴

伴着和煦的春风，踏着轻快的步伐，载着对蝴蝶的热情，我们芳草法布尔小队的几名成员来到了位于北京顺义区的亚洲大型活体蝴蝶观赏园。今天，我们可不仅仅是参观者，还是带着科普课题前来的研究者。

虽然我们在来之前已经做了充分的准备，但七彩蝶园内蝴蝶品种之多、规模之大、知识之广，还是让我们应接不暇。这时，“蝶小许”踏着他那“AB”版的鞋音(“蝶小许”右脚骨折，右脚只能穿着棉拖鞋。带病上阵，此处必须有掌声)慢慢地踱到“蝶小程”和“蝶小赵”面前，气定神闲地说：“我们这期的研究主题为‘蝴蝶的一生’，以我对七彩蝶园内的‘踩点’，蝴蝶科普展厅内有我们需要的素材……”话音未落，“蝶小程”和“蝶小赵”已经一溜烟儿地跑进了科普展厅。“哎——哎，等等我，真是交友不慎啊!”

展厅内，在一面墙上展示了蝴蝶一生中经历的四个完全不同的形态，即卵期、幼虫期、蛹期和成虫期。“蝶小赵”指着各个时期的模型说：“蝶卵好像一个大大的夜明珠啊，幼虫好像毛毛虫，蝶蛹好像晶莹剔透的蝉蛹。哇！还是化茧成蝶的蝴蝶最漂亮。我要用画笔，把蝴蝶美丽蜕变的一生画下来。”咦？“蝶小程”呢？哈哈，只见玻璃展墙上趴了一个人，他把脸紧紧地贴在玻璃上，嘴里还念念有词地叨咕着什么，走近一看，原来是“蝶小程”，他正在认真地盯着展墙上关于蝴蝶一生的介绍。

在闷热的展厅内，芳草法布尔的小队员们汗流浃背，但他们全然不知，或许是他们全然不在乎，因为他们心中对蝴蝶的热情也许比这天气的燥热还要高涨吧！

欲知芳草法布尔的蝴蝶之路，敬请关注下一期“蔬菜大食客之菜粉蝶”。

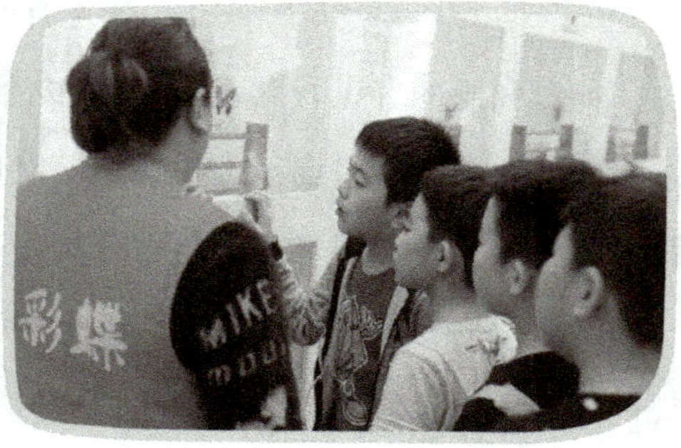

参观蝴蝶园

赵一然

2016 年 3 月 27 日　　晴

周日的上午 8：00 ，我和妈妈出发去顺义的蝴蝶园，因为和同学许屹江、程禹泰约好一起去参观、游玩。

我们来到了蝴蝶园，看到了很多蝴蝶，有绿的、黄的、黑的、白的和棕色的。我们拿出各自的照相机拍了各种蝴蝶，因为我们今天是带着任务来的——了解蝴蝶的一生。

通过参观和观察我发现，蝴蝶先产下卵，卵再孵出毛毛虫，毛毛虫再吃大量的叶子，然后结成茧……经过几个月等茧成熟的时候，毛毛虫需要用力往外挤，最后破茧成蝶。

很高兴通过这次参观我了解了蝴蝶的一生，我会把这个科学研究做得更好的。

游七彩蝶园

许屹江

2016 年 3 月 27 日　　晴

今天，我、赵一然、程禹泰在各位妈妈的带领下一起来到顺义七彩蝶园参观。因为对昆虫的喜爱，我们成立了芳草法布尔昆虫小队，今天是我们第一次活动，我们从美丽的蝴蝶开始了解昆虫的一生。

一到大厅就看见很多彩蝶装饰品。有老火柴盒，上面展示着很多蝴蝶；有蝴蝶邮票；还有利用蝴蝶翅膀制作的画……真是太神奇了！

进入蝴蝶温室，我们看见了很多活的蝴蝶，它们在空中翩翩起舞。突然有一只彩蝶从程禹泰的头上飞过，他吓得直叫。我告诉他，蝴蝶不可怕，不会伤害我们的。我们围在蝴蝶进食的蜂蜜盘子边观察它们，原来蝴蝶是用像吸管一样的口器来吸取花蜜的，它们根本不会伤害人类。当蝴蝶飞到赵一然脸上时，他没有大叫，一会儿美丽的蝴蝶就飞走了。程禹泰看到后也不再害怕了。

今天我们还了解了蝴蝶的培育、蝴

蝶的食物，知道了"蝴蝶总理"的故事。在这里我学到了很多书上没有的知识。

蝴蝶的一生之七彩蝶园

程禹泰

2016 年 3 月 27 日　　晴

我有一件特别高兴的事要与大家分享，那就是我成为芳草法布尔的一员了。法布尔是法国著名的昆虫学家，芳草法布尔顾名思义就是研究昆虫的小队伍。老师布置给我们的第一个课题是——蝴蝶的一生。

周六的早晨阳光明媚，春风吹拂在脸上好舒服呀！小鸟在枝头叽叽喳喳地叫着，好像在向我问好。在沈老师的带领下，我们来到了蝴蝶的世界——七彩蝶园。一进大门，映入眼帘的是七彩蝶园的吉祥物——和和、美美、家家，它们分别代表爸爸、妈妈和孩子，这可是以国家二级保护动物中华虎凤蝶、三尾褐凤蝶和一级保护动物金斑喙凤蝶为原型创作的。

在展厅里，我看到了蝴蝶一生的介绍。可能很多小朋友都知道蝴蝶的一生要经历卵、幼虫、蛹、成虫四个时期。但我觉得如果要真正明白其中的变化过程，还是要从卵开始饲养直至其变为蝴蝶，而且要做好观察记录。

在蝴蝶培育房里，我观察到有空调、温度计、湿度计、防护纱网，看来蝴蝶也像小宝宝一样需要精心的呵护。但蝴蝶的生命还是很短暂的，在花丛下面有许多蝴蝶的尸体，我的心里很难过。作为一名昆虫爱好者，我希望自己以后能够研制出让蝴蝶长寿的方法，那该有多好啊！

走进中国农业博物馆

沈　红

2016 年 4 月 10 日　　晴

芳草法布尔接到了新的任务——中国农业博物馆“寻宝”。

说到今天的任务，就不得不说一说芳草法布尔诞生的背景。大家都知道，它是由三个热爱大自然、热爱小昆虫的孩子成立的小组织，那么，是什么样的契机让孩子们组建了这个小团队呢？那就是朝阳区教育研究分会思想品德教育分会提出的“校外实践活动”项目，倡导学生走出教室，参与课外实践，以学生的多元潜能为基础，用他们喜欢的方式去表达学习成果。这就让芳草法布尔的理想与热情插上了希望的翅膀！

言归正传，芳草法布尔整装待发，早早地就来到了农业博物馆。在接过

“寻宝图”后，“蝶小程”拿着“寻宝图”，小手向上一摆，风风火火地向前走去，边走边说：“同志们，快点冲啊，我们寻宝的时间只有一个半小时。”可一旁的“蝶小许”却纹丝未动，慢吞吞地说：“哎！图纸都没看明白呢，请问你知道往哪儿走吗？”“噢，是啊”，“蝶小程”把图纸“啪”地一抖，一屁股坐在地上说：“‘蝶小赵’，这个你在行，快来参谋一下。”这时，“蝶小赵”双眉紧锁，认真地盯着“寻宝图”思索了几分钟后说：“我们的目的地在七号馆，离现在的位置应该有三百米左右，为节省时间要跑步前进。”三个法布尔小队员背上行囊朝七号馆一路狂奔……不到十分钟，“七号馆”几个大字赫然出现在他们的面前，几个孩子兴奋得跳了起来，箭步冲了进去。刚进大门，走在前面的“蝶小许”突然止住脚步说：“嘘，小点声。”原来偌大的展馆内虽然人群熙熙攘攘，但却鸦雀无声。只见“蝶小程”和“蝶小赵”分别用手做了个“OK”的姿势，然后放轻了脚步。

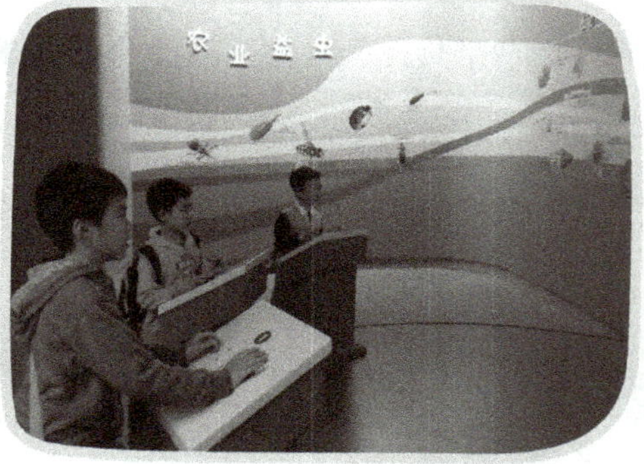

七号馆是青少年科普馆，里面介绍了农业害虫和益虫，而这正是芳草法布尔研究的昆虫系列主题之一。展馆内的主题色尽是绿色，展

板上的昆虫与害虫绘制得活灵活现，“法布尔”们仿佛置身在绿色的麦田中。“太舒服了”，只见“蝶小程”双臂展开，半仰着头，做深呼吸状。“舒服个头啊，我们的时间很紧迫”，“蝶小许”拿着“寻宝图”轻轻地砸了一下“蝶小程”的头说，“现在我来布置今天的寻宝任务，农业昆虫包括害虫及益虫，在一个小时内，每人至少找到两种昆虫，并深入了解它们的习性、特点。一个小时后，我们用二十分钟的时间来编排一会儿将要举行的‘寻宝结果汇报’。”

七号馆内，三个“法布尔”有条不紊地忙碌着，他们一会儿趴在展板上记录着，一会儿用照相机拍摄着，一会儿又凝神注视着……时间“滴答滴答”地流逝，“法布尔”们忘我地融入到了这片绿色的海洋。

终于在规定时间完成了寻宝素材的收集。“法布尔”们又投入到紧张的寻宝结果汇报上。在沈老师的引导下，“蝶小许”提出以舞台剧的形式向大家呈现寻宝结果。经过二十分钟的紧张排练，三个“法布尔”自信满满地走向汇报大厅的舞台。他们形象、生动地向老师和同学们展现了农业害虫、益虫的特点以及它们之间的关系，让大家更深入地了解了许多并不熟知的农业昆虫。

芳草法布尔小队员们洋溢出的热情与自信、体现出的努力与坚毅，让他们的寻宝汇报演出赢得了大家的赞赏与阵阵掌声。他

们以自己特有的方式表达了芳草法布尔在昆虫研习之路上的付出与收获。

农博寻虫记

许屹江

2016 年 4 月 10 日　　晴

今天，我、程禹泰、赵一然一起去农业博物馆参加寻宝活动。在活动之前，老师给我们一张黄色的纸，我第一眼就看见“寻宝图”三个大字，我兴奋极了。我仔细读着上面的介绍：每人寻找四只和农业有关的昆虫，两只益虫、两只害虫。我突然看见了一行小字：只有 90 分钟的时间。这意味着我们要在 90 分钟内找到农业害虫、益虫展厅，并排练出一个节目，展示我们的寻宝成果。

我们奔跑着寻找七号馆，往前走，看见一位保安叔叔，我问：“叔叔好，七号馆怎么走?”我边说边把地图给保安叔叔看。保安叔叔热情地指了指东南方向，我说声“谢谢”，就朝七号馆奔去。

我们一路奔跑着来到七号馆的昆虫展区，迅速了解与农业有关的益虫和害虫，之后我们拿起老师准备的材料，开始做道具头饰。为了上台能大方展示，我们戴上头饰排练了三次，节目还不太成熟，可是时间到了，我们赶到四号展厅的汇报厅准备汇报。

终于轮到我们三个展示了，好紧张啊！我们上台表演了《虫子开会》。通过我们的介绍，观众了解了与农业有关的害虫、益虫。演出结束时，我们赢得了观众的热烈掌声。

时间过得很快，展馆还没参观够就该离开了，有点小遗憾。但今天能在这么多观众面前展示并赢得他们的掌声，我很开心！

游农业博物馆

程禹泰

2016 年 4 月 10 日　　晴

周日，我和赵一然、许屹江、程禹泰以及各自的妈妈一起去了农业博物馆参加寻宝活动。一进门就看见来自各个学校的学生聚集在这里，他们都在交头接耳地议论着今天的宝贝到底是什么。

这时，有一位老师走过来和蔼地说："这是你们的藏宝图，今天的任务需要根据藏宝图找到宝物，时间只有 90 分钟。"我们一听只有 90 分钟，顿时紧张起来。时间很紧，我们不自觉地加快了脚步。很快就到了藏宝图中的七号馆，这里是农业昆虫馆。原来，让我们找的宝物就是昆虫啊。沈老师说："每人至少找到两种益虫与两种害虫，而且还要排练一个关于寻宝过程的小节目。"

我们在规定的时间内完成了寻宝任务。要展示了，我有点紧张，但是妈妈鼓励我说："只要放松、落落大方，就一定能表演好。"舞台上，我们活灵活现地向大家展示了昆虫之间的对话，赢得了阵阵掌声……

通过这次活动，我不但找到了昆虫界的宝藏，还找到了属于我自己的宝藏，那就是知识的海洋里永远没有彼岸。

农业博物馆的体验

赵一然

2016 年 4 月 10 日　　晴

星期天早晨 9:00 ，我、程禹泰、许屹江一起去农业博物馆参加一个体验活动。

这次活动是有任务的，任务是什么呢？我们暂时还不知道，忽然听见老师让我们到二号楼门前集合，我们看见有很多不同校区的学生在听一位老师说话，原来是老师在布置任务。接受任务后，我们得到一张地图，然后就兴高采烈地出发去完成任务了。首先我们来到七号馆，任务是找到农业益虫、害虫展览处，然后排一个节目，在 11:00 以前到达四号厅表演。这时已经是 10:25 了，我们"快马加鞭"。时间一分一秒地过去了，在我们共同的努力下，节目终于排好并准备演出了！我们认真地看着其他校区的节目，他们演得非常好。轮到我们了！我们每人都扮演了一只害虫和一只益虫，我扮演的是蝗虫和蜜蜂，许屹江扮演的是十二星瓢虫和草蛉，程禹泰扮演的是蚜虫和七星瓢虫。我们生动地表现出了益虫和害虫的特点，观众很喜欢，给了我们热烈的掌声。

在这次活动中我了解了一些昆虫的习性和特点，我非常喜欢这样的活动，因为它让我学会了很多知识！

走进北京自然博物馆

沈　红

2016 年 5 月 29 日　　晴

大自然既能孕育生命，也能毁灭生命。几亿年前，这个世界生活着许多不为我们现代人所熟知的昆虫，但弱肉强食的食物链让这些可爱的小生命化作徐徐清风，烙印在大自然的生命轨迹里。随着研究的深入，自然界的生存法则触发了芳草法布尔小队员心中那最柔软的童真，也激发了他们追寻那逝去生命的动力与热情。

北京自然博物馆珍藏着许多动物、植物的标本。芳草法布尔

小队决定利用周末休息时间，去一睹那未曾谋面的小昆虫们。

早晨九点整，在自然博物馆大门口，才一天不见的小伙伴，像阔别多日似的，欢呼着奔向对方，紧紧地拥抱在一起。这是在为即将见到他们期待已久的小昆虫而兴奋吗？嗯，应该是吧！激动之余，几个小家伙很快就进入了主题。“我们先看一下馆内的展览导图吧”，“蝶小许”说。这个提议受到了另外两个小伙伴的一致赞同。“额滴神啊”，“蝶小赵”看着展览导图夸张地说，“昆虫标本展馆咋这么小呢？”“蝶小程”说：“因为自然博物馆有四大基本陈列，其中古爬行动物厅展览的恐龙、猛犸象等大型脊椎动物占据了很大面积，所以，我觉得昆虫展馆面积小一些是可以理解的。”

昆虫世界在“动物——人类的朋友”展厅一角。迈进展厅，芳草法布尔小队员们自觉地放慢了脚步，压低了声音，随着人群安静有序地走在展厅里。但他们的眼神却是炯炯有神地紧盯着展示墙和展览品，小眼珠滴溜溜地转来转去，原来他们在寻找本次科普任务主题——昆虫标本。“在这里，在这里！”传来他们无法按捺内心激动的声音。只见“蝶小许”像蜘蛛侠一样，双手向上紧紧地扒在玻璃展板上，透过他的双手空隙，我们看到在一大块不规则的石壁上隐隐刻着蝴蝶的形状。“快点闪开”，“蝶小赵”和“蝶小程”一个拽手，一个拽腿，把“蝶小许”从展板上拉了下来。“嘘！”三个人面对面同时做了个表示安静的手势。接着，他们慢慢地向这面展板靠拢过来。只见石壁上密密麻麻地错综排列着许多昆虫的痕迹。“这

只像蝴蝶的身影，这是石氏道虎沟古蝉吧，这只像蜻蜓……”三个小伙伴一边分辨着一分小声讨论着。

“中生代被称为恐龙时代，然而，在恐龙繁盛的同时，地球上还生存着一群更为顽强的生物类群……”这时，一阵清脆悦耳的声音由远及近，芳草法布尔小队员们循着声音望去，只见一个和他们年纪相仿的小女孩，头戴耳麦，左手拿话筒，腰板笔直，右手呈九十度角指向展板，面带微笑地向大家讲解着展示内容。“哇，好帅气啊！”“蝶小程”张大嘴，小眼神羡慕地看着这位解说员。“这有什么可羡慕的呀，我们也可以做小解说员的，”“蝶小许”说。“怎么做，怎么做？”“蝶小赵”迫不及待地问。“我们只要报名参加自然博物馆小解说员的培训，考核通过就可以成为小解说员了，”“蝶小许”说。“好啊，如果我们报名成功，就选择做昆虫馆的解说员，这样，我们能学到更多有关昆虫的知识，”“蝶小程”欣喜地说道。

在昆虫世界，芳草法布尔小队员们还看到了来自侏罗纪的被称为“strashilid”的昆虫化石，它们过去一直被认为是类似跳蚤的寄生虫。小队员们还透过化石了解到中生代昆虫的住所、食物……

昆虫在地球上已经生存了近四亿年，芳草法布尔小队员们虽然无缘亲眼看到它们的演化与变迁，但就在今天，他们透过化石与那些曾经鲜活的生灵们进行了一次跨越时空的亲密接触，这样的收获已经足够丰厚。

参观北京自然博物馆

程禹泰

2016年5月29日　　晴

通过阅读关于昆虫的书籍，我了解到在远古时代生活着许多现在已经灭绝的昆虫。远古的昆虫长什么样子呢？它们为什么会灭绝呢？为了探索远古时代的昆虫奥秘，我们芳草法布尔小队怀着强烈的好奇心走进了北京自然博物馆。

昆虫化石在“动物——人类的朋友”展厅一角。在一块巨大的化石上镶嵌着一只巨脉蜻蜓，还刻印着一只大孔雀蝶。哇！这里还有一只“家家喊打”的蟑螂。咦？蟑螂不是还没有灭绝吗？为什么会出现在这里？通过展板上的介绍我才知道，原来蟑螂的种类约有6000种，而只有少数的几种蟑螂还生活在地球上，大部分已经灭绝。在这个展厅中我还看到了许多以前并不熟知的昆虫。

这里仿佛把我带到了远古时代的大自然，使我见到了那些没有观众前来就已经谢幕的昆虫。

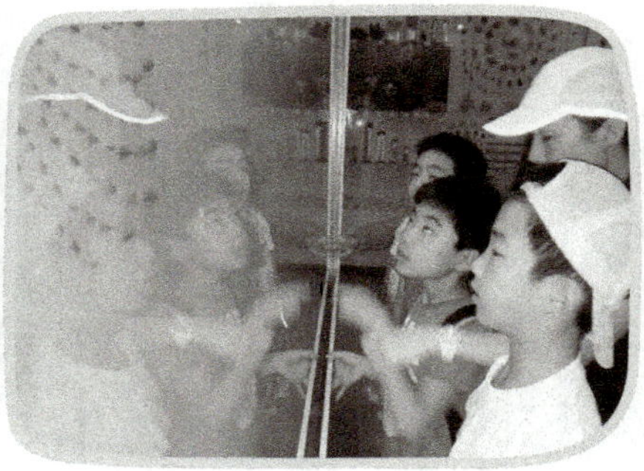

北京自然博物馆

赵一然

2016 年 5 月 29 日　　晴

今天早上我们来到了北京自然博物馆，我们来早了，博物馆还没有开门，但是我已经迫不及待地想进去了。

进入自然博物馆，里面非常壮观，分为好多个厅：有古爬行动物厅、古哺乳动物厅、生物起源和早期演化厅、动物——人类的朋友厅、动物奥秘厅、人之由来厅、人体真奇妙厅。而今天我们要给大家介绍的是动物奥秘厅，动物奥秘厅既宽敞又明亮，展出的模型有熊、狼、猫头鹰、鹰等。有一个展览区让我们知道了哪些是濒临灭绝的生物，哪些是极危物种。最后我们还买了一样纪念品，这次参观取得了圆满的成功！

这次参观让我们了解了许多的知识，我非常喜欢这次参观。

博物馆奇妙日

许屹江

2016 年 5 月 29 日　　晴

今天我们要去北京自然博物馆看昆虫，虽然这个博物馆我之前已经去过很多次了，可还是很期待呀！这次我们法布尔昆虫小队要合体活动了。

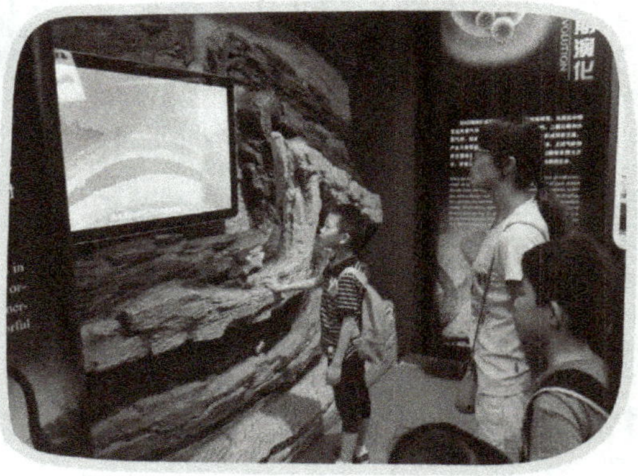

我和妈妈选择环保出行，一起坐特 11 路双层巴士来到博物馆。我们到达时，其他人员已经都到齐了，我们立即合体、组队，寻找有昆虫的展厅。我们看见一只大蝴蝶，我数了数，这只大蝴蝶是由几百种不同的昆虫拼成的，它们来自不同的国家。我们还看到了许多基因突变的蝴蝶。这个展厅的昆虫介绍太少，我们在另一个馆找到了许多昆虫化石，都是古代的昆虫，我们还看到了古昆虫的树形分类图。

这次和同学一起参观自然博物馆寻找昆虫十分有趣，我想昆虫的种类那么多，自然博物馆如果给昆虫专门设置一个展馆，那该多好呀！

第三章
我的观察日记

饲养蚕宝宝

许屹江

今年春天我开始养蚕。刚从卵里孵化出来的蚕宝宝黑黑的、小小的，科学老师说这叫蚁蚕。经过一段时间的耐心养殖，蚕宝宝变成白色的了，而且越长越长。我特别喜欢观察它们，照料它们！看着它们一点点长大，我开心极了。平时我会用羽毛来帮蚕宝宝们打扫卫生，这样它们就能在干净的环境中吃到新鲜美味的桑叶了。在我的精心照顾下，蚕宝宝们长得很快，都有 2.5 厘米长了。

有时候我看到蚕宝宝不吃也不动，不禁怀疑是不是我采摘的桑叶有问题。我上网查了才知道，蚕宝宝食桑量极大，因此长得很快，体色也逐渐变淡，但它的食欲会逐渐地减退乃至完全禁食。它吐出少量的丝，将腹足固定在蚕座上，头和胸部昂起，不再运动，好像睡着了一样，称作“眠”。休眠中的蚕，外表看似静止不动，体内却进行着蜕皮的准备，蜕去旧皮之后，蚕的生长就进入到一个新的龄期；从蚁蚕到吐丝结茧共蜕皮 4 次。我在干了的桑叶上成功地找到一些蚕宝宝蜕的皮。终于，蚕宝宝开始结茧了，它们在纸箱的犄角旮旯处开始吐丝。一晚上蚕宝宝就消失在蚕茧中了。

2016 年 5 月 5 日第一只蚕宝宝吐丝结茧，2016 年 5 月 20 日第一只蚕蛾破茧而出。出来的蚕蛾马上开始交配产卵，小卵黄黄的，十分可爱，可没过三五天蚕卵就变成深灰色了。

我还有一个新的发现，有几只蚕没有吐丝结茧就变成了蛹，一开始我还以为这些蚕死了，可过了三四天，它们就慢慢变成蚕蛹了，又过了一段时间，蚕蛾破茧而出，同样开始交配产卵。这是为什么呢？科学老师跟我说，这几只特殊的蚕宝宝可能一直没能很好地吃到桑叶，长得营养不良，为了能够顺利产下后代，它们只能把营养都集中到产卵上，就没有能力吐丝了。我觉得老师的话很有道理。

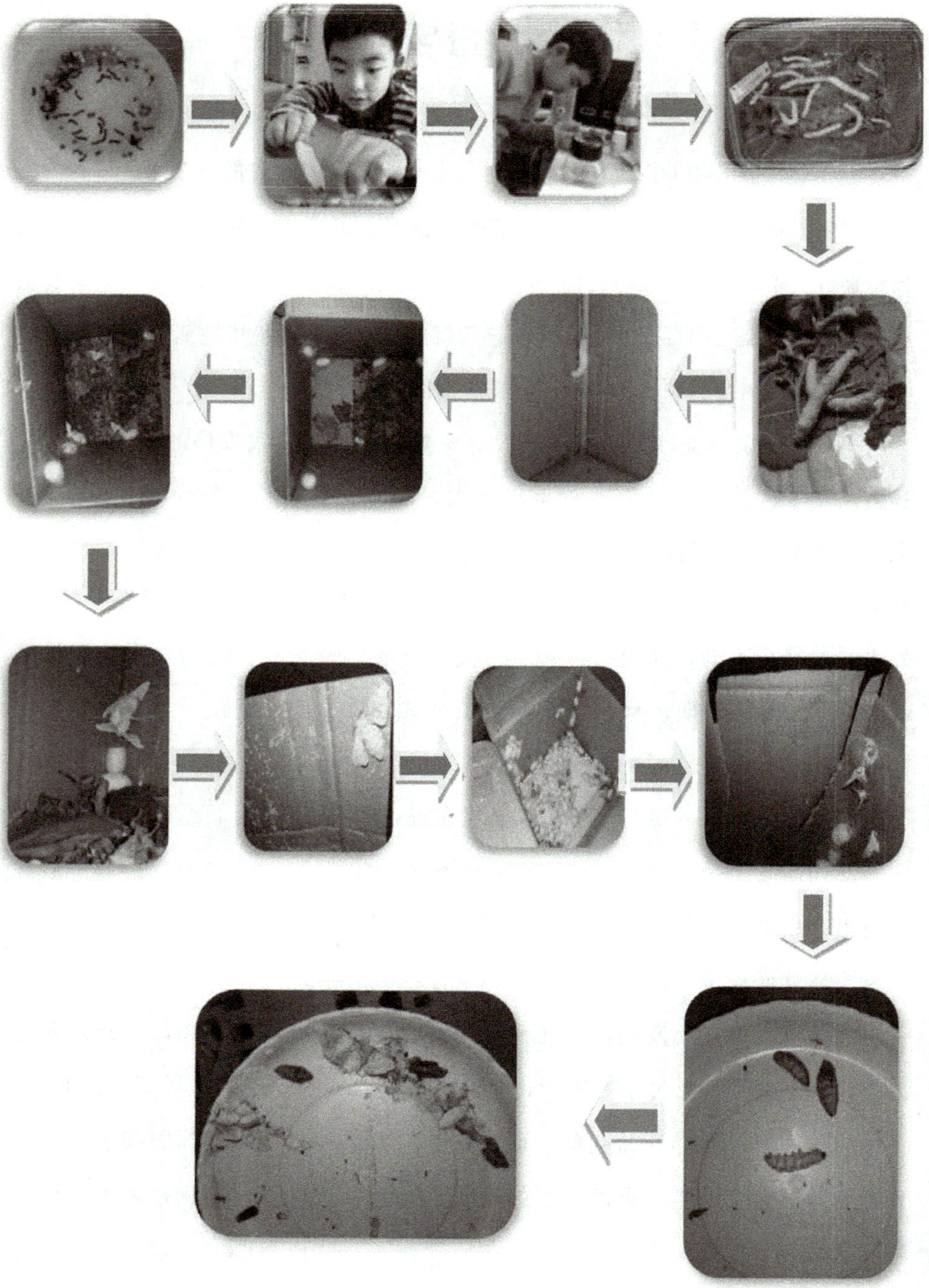

我在法布尔小队分享了我的养蚕经验，大家都很感兴趣，决定明年一起养蚕。我们还想利用死去的蚕蛾等制作蚕的一生展示箱，让更多的同学了解昆虫，喜欢昆虫。

制作蚕宝宝的一生展示箱

许屹江　程禹泰　赵一然

2016 年 5 月 31 日　　　　　　　　学校劳技教室

	赵一然的爸爸是我们小队动手制作的主力辅导老师，他动手能力强，我们都很佩服他。 这是赵一然的爸爸在和我们一起讨论制作方案，如材料的选取、制作的大小等，真是太棒了！
 	经过一系列热烈的讨论，我们决定从蚕卵开始制作。屹江拿来蚕卵的实物，我们开始照着做，先要制作出桑叶，我们上网搜出桑叶的样子开始制作，再把蚕卵画在上面，因为蚕卵太小，用超轻黏土不好制作。
	制作完蚕卵标本，我们又尝试制作蚁蚕。蚁蚕太小了，制作起来真不容易。赵一然的爸爸告诉我们一定要有耐心。一会儿，一群可爱的蚁蚕诞生了。

2016 年 6 月 15 日　　　　　　　　　　　　学校劳技教室

我们搜集到桑树树枝，我们要将桑树树枝制作成小桑树，插在我们的展示箱里。我们对树枝进行了修剪。可是叶子没办法用了，都枯萎了。

今天我们的任务是先捏制蚕宝宝。蚁蚕是黑色的，吃几天桑叶后它们就变成了白色，而且会越长越大。

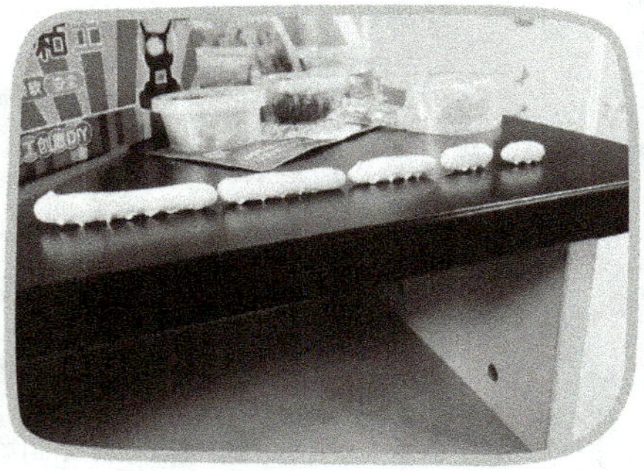

看，蚕宝宝经过几次蜕皮，长长了很多。大家看，我们的作品逼真吧？蚕宝宝好可爱啊！

桑树树叶会枯萎，我们想了两个办法：

(1)塑封新鲜的桑树树叶，这样小朋友们就能认识真的桑树树叶了。

(2)用绿色纸绘制树叶。

三棵小桑树需要大量的树叶，我们要抓紧做呀！

2016 年 7 月 1 日　　　　　　　　　　学校劳技教室

<table>
<tr><td rowspan="2"> </td><td>今天我们要将制作的叶子粘在桑树枝上，制成小桑树，赵一然的爸爸妈妈都来做指导教师了，我们好开心呀！一棵棵小桑树即将在我们手上诞生。</td></tr>
<tr><td>制作完的小桑树要插在我们的展示箱上，这可有点难度，赵一然的爸爸耐心地帮助我们。接下来就要把我们用超轻黏土捏的小蚕宝宝粘在展示箱上了，这可是个细致的工作。</td></tr>
<tr><td> 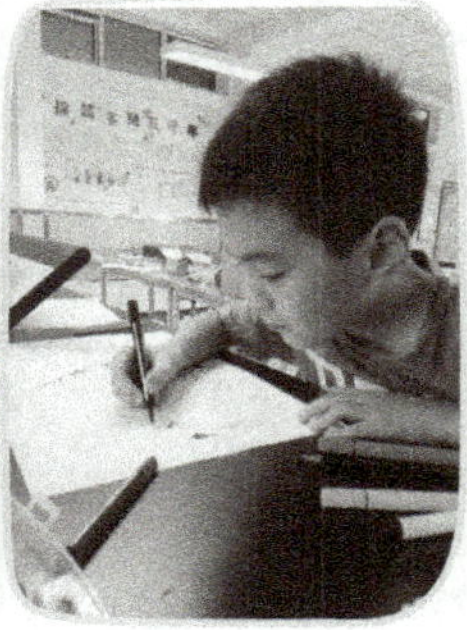</td><td>赵一然画画最棒了，一会儿就将我们观察到的蚕的一生绘制在展示箱的侧面了，再由书法不错的禹泰标上注解，我们的蚕宝宝一生的展示图就大功告成了。</td></tr>
<tr><td> </td><td>科学学科的岳老师又来到我们身边，给我们提出科学建议，我们剪开蚕茧，在里面看到了干瘪的蚕蛹，蛹的旁边还有蚕宝宝最后一次蜕下来的皮，这一点一定要展示给同学们看。</td></tr>
</table>

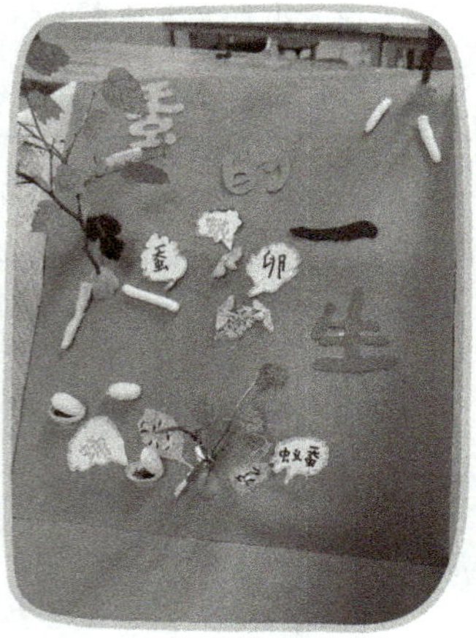

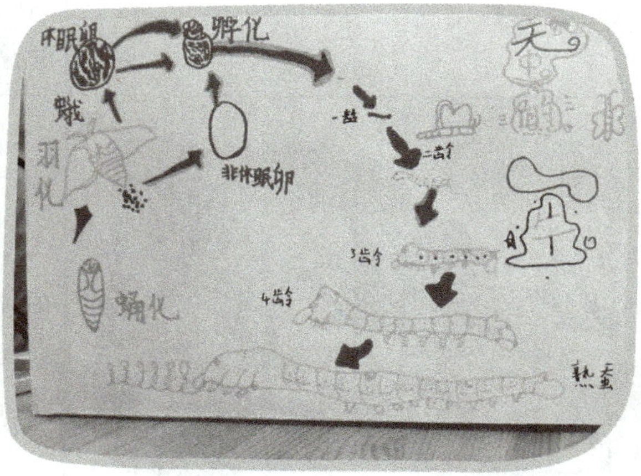

看到我们的作品了吗？我们通过动手实践，对蚕的一生有了更细致的了解，后期我们还要将蚕的一生的介绍录成音频放到展示箱上给同学们当解说。

独角仙观察记录

付子彧

2016 年 4 月 8 日　　家中

现在它们已经是三龄幼虫了，长得白胖白胖的很可爱，体长约 4 厘米。头部呈棕色，有一对很小的大锷。头部后面还有 6 条腿，皮肤上面有钢针似的细毛，身体后半部分每个节点间下端都有一个小黑点，可以通过倒数第二节点是否有黑点来区分雄雌。为了帮助它们尽快长大，我把它们放在有厚厚的腐殖土和许多菌块的饲养盒里。如果摸它们的屁股，它们要么往土里钻，要么回过头拿大锷夹你的手，要么干脆卷成一团。

2016年5月28日　　　　　　　　　　　　　　　　家中

我扒开腐殖土，看到梦寐以求的独角仙成虫，它们都已“羽化成仙”，身穿棕褐色的盔甲，看上去是那么强壮有力，尤其是雄虫头部前方有鹿角状的长犄角，一副雄赳赳的模样，漂亮极了。不要看它们身上全是铠甲，其实它们还隐藏着另一件神器，那就是它们硕大的翅膀。独角仙其实有两对翅，第一对翅变成了覆盖在背部的保护性背甲；第二对翅是飞行翅，平时收在背甲下面是看不到的。在飞行时，它们会把背甲翘起，展开飞行翅飞行。它们很喜欢吃熟透的水果，还喜欢在土里拱来拱去。

蚕的成长记录

沈一远

一、卵的孵化

刚出生的蚕卵是淡黄色的，在孵化过程中慢慢变成了紫色，里面有一些黑黑的小点。即将孵化的卵是紫黑色的，里面有一条长长的小黑线，“小黑线”慢慢地变大了，好像要挣脱出来一样。几天以后，蚁蚕就孵化出来啦！

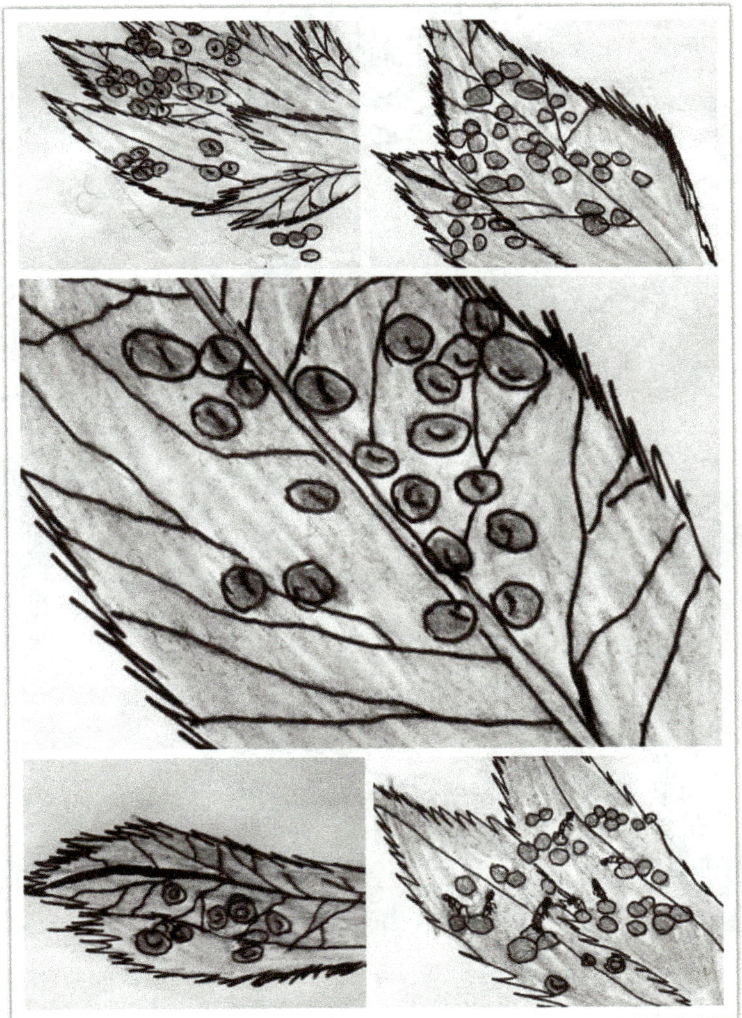

二、幼虫成长

蚁蚕的身体是褐色的，长着毛。它们的头很小，是黑色的，身体渐渐地变白变大，开始咬大片桑叶。

二龄蚕身体由褐色变为青白色，它们的身体变长了，也蜕皮了。我发现它们经常在桑叶上爬来爬去。

蚕宝宝三岁啦！它们的身体变得更长更胖，食量惊人，一天大约能吃20片大桑叶。它们爱把头挺起来！我还在蚕宝宝的身上发现了半圆形的花纹。

四龄蚕身体长大约 5 厘米，长得非常胖，蜕皮的时间也比原来快了。食量比原来大多啦！一天都能吃大概 30 片桑叶。快要进入五龄期的蚕宝宝后半身也变黄了。

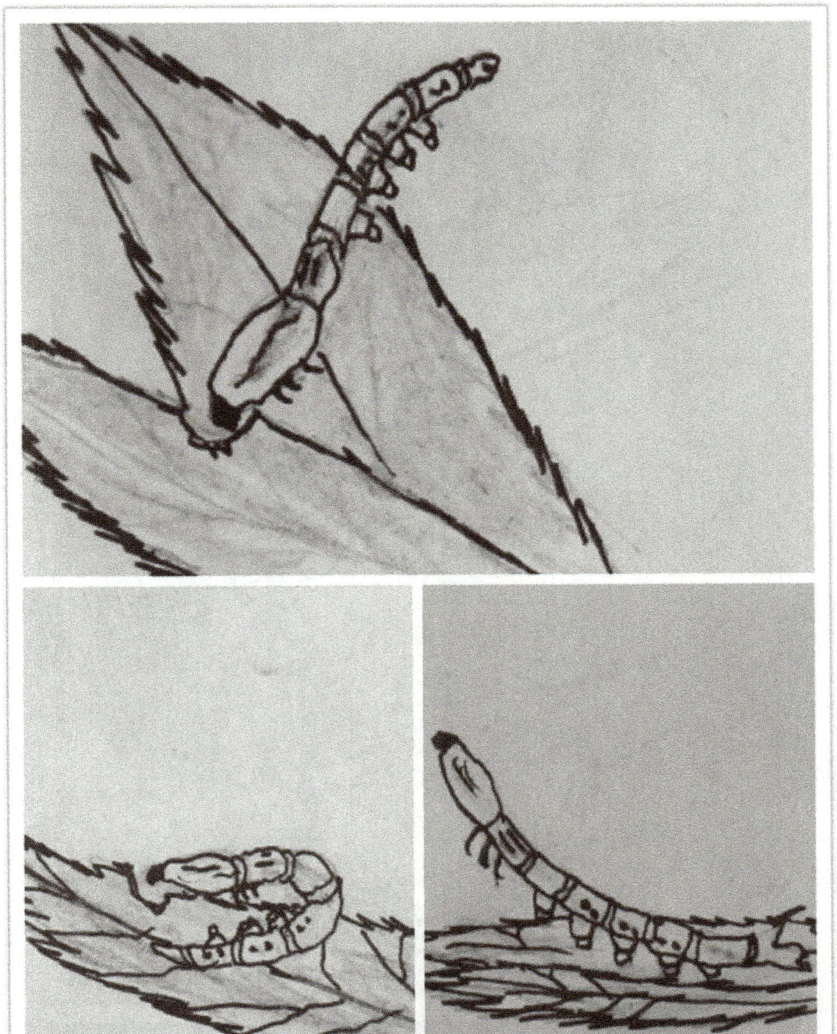

终于到了五龄期啦！蚕宝宝更加能吃了，长得更快！蜕完皮以后没有其他变化特征。最近蚕宝宝们一直在吃桑叶补充体力。它们的下半身变成了黄色，它们一直想往高处爬。

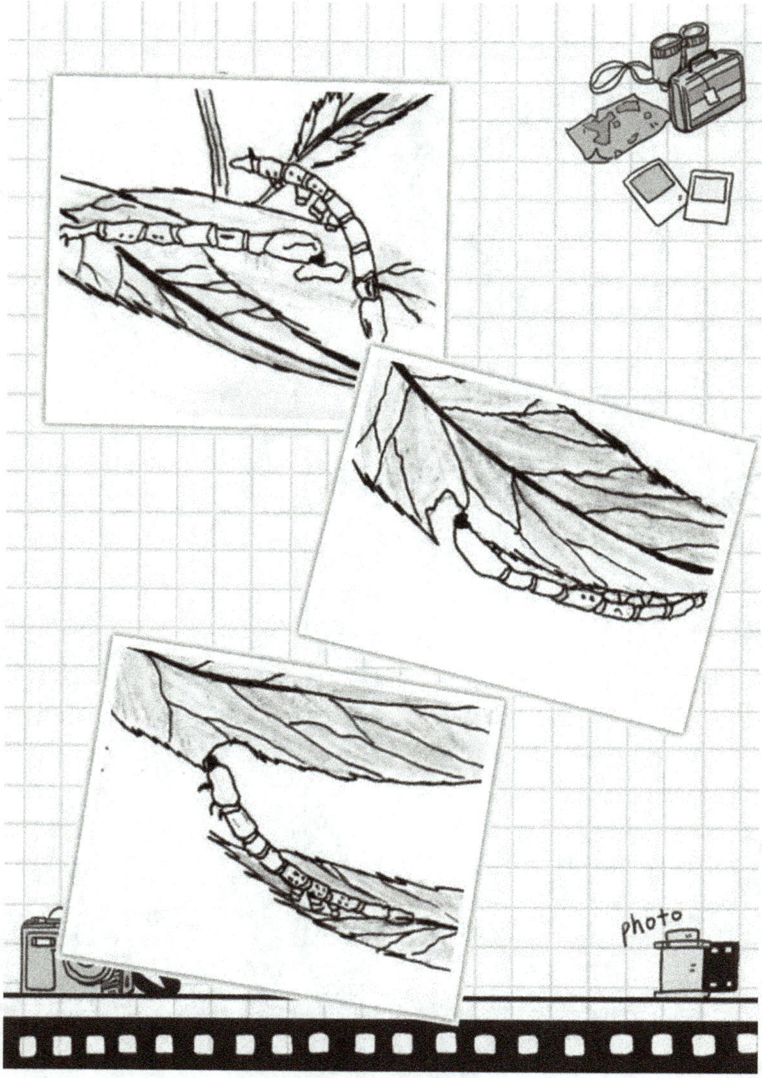

蚕宝宝们开始以“S”形或“8”字形的方式吐丝。过了两天后，茧结完了，它们是白色的！

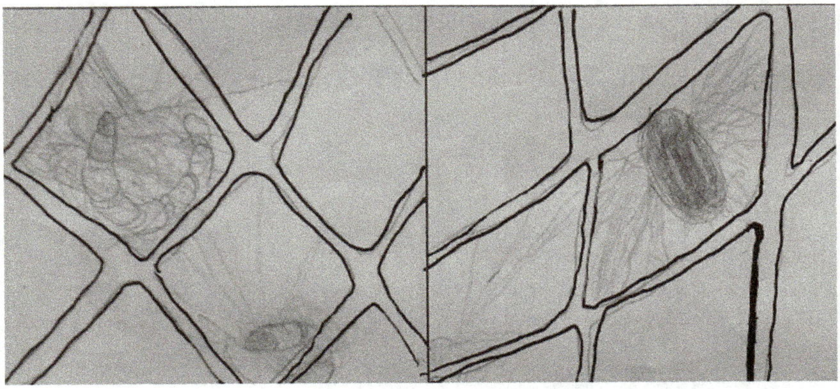

三、蛹

蚕在茧里会变成什么样子？怀着好奇心，我解剖了一个蚕茧，发现蚕已经变成了褐色的蛹，旁边还有蚕蜕的皮，太神奇了！过了一星期后，茧开始微微动起来。接着，我发现蚕已经破茧化蛾了！

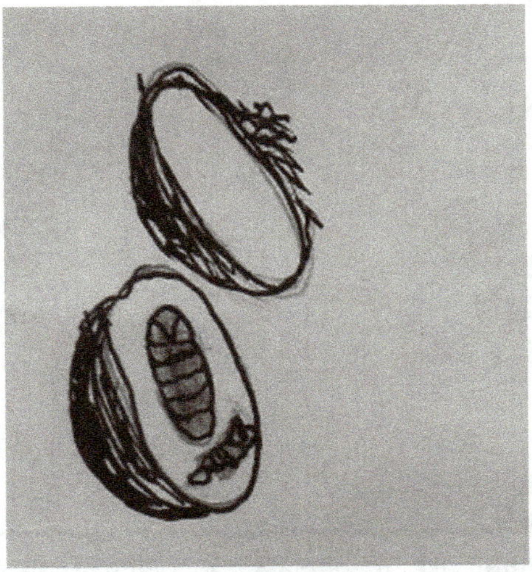

四、成虫产卵

蚕蛾开始交配，交配后，雄蛾过了三四天就死去变干，而雌蛾过了一段时间之后就开始产卵。产的卵是青黄色的，非常小。几乎所有的雌蛾产完卵后，坚持了一个星期也都死了。它们就这样度过了一个生命周期。

附录
昆虫摄影、绘画作品

许屹江摄影作品《菜粉蝶》

刘思影摄影作品《一叶扁舟》

赵一然摄影作品《蜂恋花》

程禹泰摄影作品《虹吸式用餐法》

彭丽蓉摄影作品《别理我，烦着呢》

杨金玉摄影作品《西双版纳的枯叶蝶》

付子彧摄影作品《独角仙幼虫》

付子彧摄影作品《独角仙成虫》

马滢祎绘画作品《蜻蜓》

指导教师：杨瑜美子

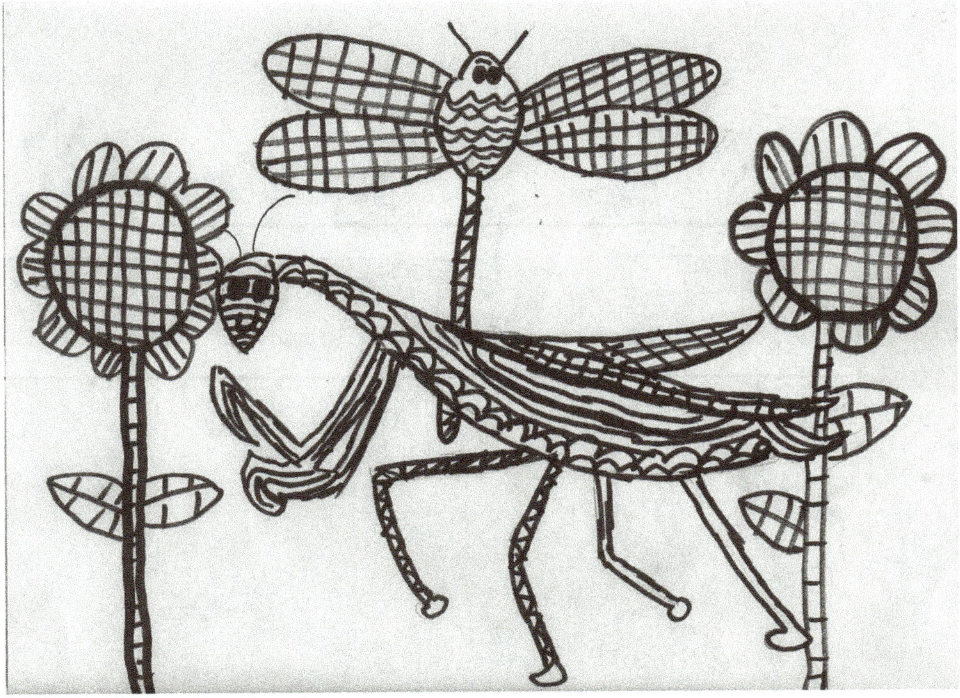

杨开绘画作品《螳螂》

指导教师：马金山

李睿妍绘画作品《蚂蚁》

指导教师：马金山

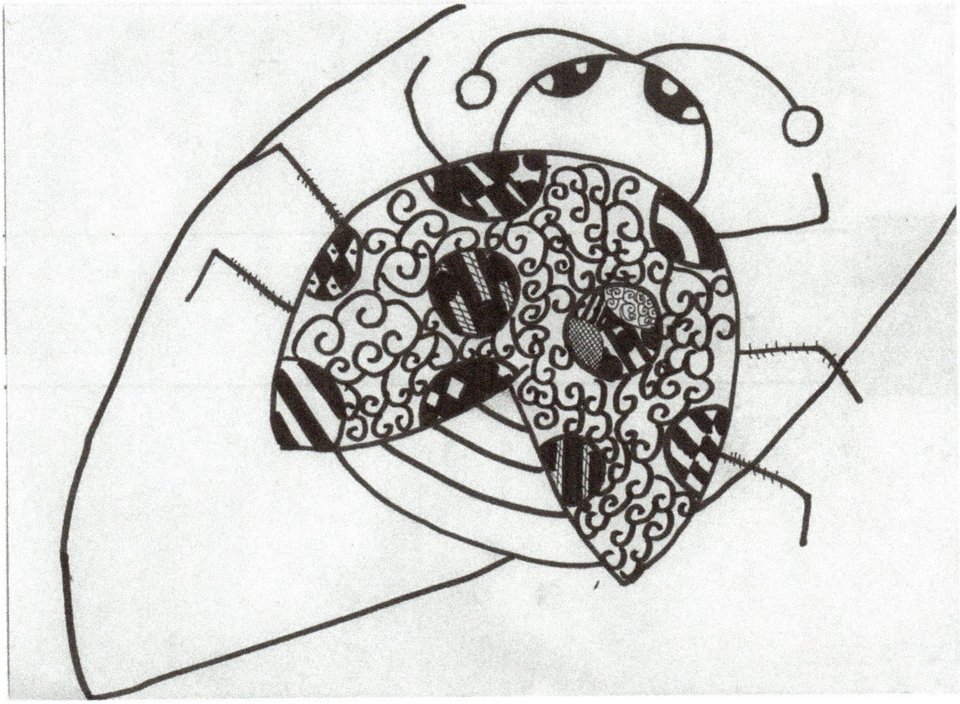

刘睿涵作品《瓢虫》

指导教师：马金山